U0055799

絕對✦成交

業務聖經

全面剖析銷售流程，打造最強成交力

Make the Deal ! Sales Bible

Analysis of the Sales Process

大塚壽／著　曾瀞玉、高詹燦／譯

前言

「你是否因為得不到預期的成果，感到痛苦萬分？」
「你是否因為被厲害的銷售員們瞧不起，倍覺屈辱？」
「你是不是覺得自己不適合走銷售員這行，並為此苦惱不已？」

銷售這項工作，能夠將你過去與現在乃至未來的預期業績化為明確的數字，就如同考試成績一樣，因此自己的業績總不免會被拿來和其他銷售員做比較。

然而事實往往是：你既沒有偷懶，也拚盡了全力去做，卻依然「銷路慘澹」。

如果說公司前輩或同儕都一樣「業績慘兮兮」，那還能說服自己是因為「產品缺乏競爭力」，但是若超過半數的人達成了目標，甚至連後輩的成績都比你亮眼，想必你心裡也會慌得很。

「你想當一個厲害的銷售員嗎？」

想讓主管及公司對你讚譽有加嗎？更最重要的是，你想體驗一展身手後的成就感，提高自我效能嗎？

所以你才拿起這本書，一路翻閱到這裡對吧。

那我就傳授你這個方法。如果要說這個方法能讓你的銷售評級加10分也不為過。**事實上，做銷售沒有「適合」、「不適合」之分，也無關資質，只要明白方法，誰都能成功賣出產品。**就像升學考試時，只要遇上好的參考書或者是優秀的講師，評級從40分、50分左右拉高10分，也不是什麼新鮮事。至於我為什麼能說得如此篤定呢？因為這是我的親身經歷。

小時候的我最喜歡偷懶，上天並沒有賜予我努力的天賦，也不懂什麼叫專注力的我，理所當然地一路與我最想進的高中、大學、公司失之交臂，糊里糊塗地出了社會。

念研究所一年級時，我在學長的推薦下，到了從沒想過要進入的瑞可利控股株式會社任職，也改變了我的人生。就這麼剛好，我被分派到了當時肩負整家公司命運的新創事業部，全公司的頂尖銷售員和擅長培育優秀銷售人才的管理階層們都集結在這個部門。

本書第1章裡將會介紹到，在那個部門時，我獲得了成為一名優秀銷售員的方法，並且有幸認識在當時有全日本最強稱號的其他公司的頂尖銷售群，觀摩他們所有人的銷售過程，並得到了啟蒙。

我光是模仿他們的做法，業績就有了起色，也從中學到：從接觸準備到正式接觸、初次拜訪、商務洽談、做簡報、結案等，各個流程中皆有許多確切有效的方法，懂得愈多方法就愈為有利。

我之所以前往美國攻讀MBA學習將其體系化的方法，是因為我知道建立體系是盎格魯－撒克遜人擅長的領域，而日本人難以做到。

學成歸國後的26年來，我到各家公司實施銷售培訓，以強化他們的銷售實力為己任，**經由我的課程栽培出的傑出銷售員幾乎囊括了所有業種**，包括超過1兆日圓規模的發電廠、科技顧問公司、綜合人力資源服務、汽車、半導體，乃至全抽傭制的壽險外商等。

本書將毫無保留地公開其中方法，以期成為每個人自學時的最佳參考書。

這次輪到你成為「傑出銷售員」了！

目次 《絕對成交！業務聖經》

分析一下，你屬於哪一種銷售？～銷售的種類～

第2章

只需透過「這樣」的接觸準備，「立刻」變身為優秀銷售員！

STEP 1

易挫敗情境之快問快答
～給有苦難言的銷售人員一些建議～

STEP 2

「卓越銷售力」培養講座　接觸準備篇

第3章

有效接觸與「成效立見」的方法

STEP 3

專題講座　電話約訪的祕訣

第4章

任何人都能辦到！學習「成效立見」的商務洽談流程

第5章

成功的線上商談（遠距商談）與電話商談

STEP 1

線上商談容易受挫的8種場景

STEP 2

「卓越銷售力」培養講座　線上商談篇

STEP 3

「卓越銷售力」培養講座 **電話商談篇**

第6章

客戶需要「什麼樣的提案」？

STEP 1

易挫敗情境之快問快答

～給有苦難言的銷售人員一些建議～

STEP 2

「卓越銷售力」培養講座　提案篇

第7章

優秀銷售員的行銷簡報與結案的鐵則「僅此而已」

STEP 1

易挫敗情境之快問快答

～給有苦難言的銷售人員一些建議～

STEP 2

「卓越銷售力」培養講座 簡報與結案篇

第8章

如何順利「談判」與「處理客訴」，加深與客戶的關係

STEP 1

易挫敗情境之快問快答

～給有苦難言的銷售人員一些建議～

STEP 2

「卓越銷售力」培養講座　談判、處理客訴、顧客應對篇

第9章

為了成為優秀銷售員的內部斡旋與商談管理

STEP 1

易挫敗情境之快問快答

～給有苦難言的銷售人員一些建議～

STEP 2

「卓越銷售力」培養講座 內部斡旋、商談管理篇

第10章

銷售過程中感到「迷茫」、「痛苦」時應該怎麼辦？

STEP 1

易挫敗情境之快問快答
～給有苦難言的銷售人員一些建議～

內文設計·DTP／初見弘一
編輯協力／山本櫻子

第1章

熟知本書的使用方法與銷售的特性、形式、種類

本書的有效使用方法

1 本書的架構

這是一本「讀過以後，便可了解克服自身銷售弱點之方法，並且只要加以實踐，即可『立竿見效』的『銷售學習參考書』」。

每種學問在不同時代都會有堪稱當代經典的學習參考書與題庫，因為它們無疑是最具效果的書籍。策畫本書的目的也在於此。

因此，無論你的目的是想要克服銷售弱點、強化銷售能力，或者是想要建立自家公司「銷售模式」的標竿，甚至只是「想知道究竟什麼是銷售」，本書都能夠幫助你最有效地達成各項目標。

具體來說，**作為STEP1，我將從銷售人員在各項銷售環節中「易挫敗情境之快問快答」來切入**。

這是我在超過四分之一世紀，作為銷售培訓講師立於第一線講壇期間，於無數問答與無記名提問的各類問題中挑選出的最佳問題前三名。

接下來，**在STEP2的「卓越銷售力」培養講座中，我會介紹成為「優秀銷售員」的具體方法**。

而依據情況**需要更深入解說的章節，則追加了STEP3，我將詳細介紹實際會使用到的話術、說話方式、措辭，乃至距離感的掌握**。

因為銷售的成果，取決於你掌握的銷售方法的多寡。

在當今這個經濟成長緩慢、價格競爭激烈的時代，要在銷售方面做出成績，最關鍵的因素就在於你知道多少符合現今時代的詳盡銷售「方法」和「下一招」。

這方法源自於我剛畢業進入瑞可利控股株式會社時，那裡的頂級銷售人員灌輸給我的。當時，一位在瑞可利被稱為「天才」的銷售員剛好與我是同鄉，而他的弟弟與我的姊姊竟是同校同學，在這樣的機緣巧合下，他將號稱「一脈單傳」的各項銷售技巧對我傾囊相授，在這些技能的加持下，我也躋身頂尖銷售人員之列。

〈本書的架構〉

第 1 章 熟知本書的使用方法與銷售的特性、形式、種類

第 2 章 只需透過「這樣」的接觸準備，「立刻」變身為優秀銷售員！

STEP 1 易挫敗情境之快問快答 ▶ STEP 2 接觸準備篇

第 3 章 有效接觸與「成效立見」的方法

STEP 1 易挫敗情境之快問快答 ▶ STEP 2 接觸篇 ▶ STEP 3 電話約訪的祕訣

第 4 章 任何人都能辦到！學習「成效立見」的商務洽談流程

STEP 1 易挫敗情境之快問快答 ▶ STEP 2 商務洽談流程篇

第 5 章 成功的線上商談（遠距商談）與電話商談

STEP 1 線上商談容易受挫的8種場景 ▶ STEP 2 線上商談篇 ▶ STEP 3 電話商談篇

第 6 章 客戶需要「什麼樣的提案」？

STEP 1 易挫敗情境之快問快答 ▶ STEP 2 提案篇

第 7 章 優秀銷售員的行銷簡報與結案的鐵則「僅此而已」

STEP 1 易挫敗情境之快問快答 ▶ STEP 2 簡報與結案篇

第 8 章 如何順利「談判」與「處理客訴」，加深與客戶的關係

STEP 1 易挫敗情境之快問快答 ▶ STEP 2 談判、處理客訴、顧客應對篇

第 9 章 為了成為優秀銷售員的內部斡旋與商談管理

STEP 1 易挫敗情境之快問快答 ▶ STEP 2 內部斡旋、商談管理篇

第 10 章 銷售過程中感到「迷茫」、「痛苦」時應該怎麼辦？

STEP 1 易挫敗情境之快問快答 ▶ STEP 2 思維、態度篇

除了瑞可利以外，我還一一拜會當時銷售能力頂尖公司的頂級銷售人員，並在現場親眼見識他們的銷售或簡報過程。

為了能更有系統地整合歸納這些銷售技能和技巧，使任何人都能夠學會，我赴美攻讀ＭＢＡ，並在回國後以銷售顧問和銷售培訓講師的身分，在日本各大主力企業和中小企業培育銷售人才，直至今日已持續超過四分之一世紀的時間。

在這段期間，我接觸了ＩＴ產業、製造業、人壽保險、綜合人力資源服務業、汽車經銷商等各種行業的銷售人員，認識到幾乎所有行業的銷售特性，以及業績優異者和差勁者之間的差別為何。

作為這些經歷的集大成，我將任何人都可以做到的銷售技巧、方法、說話方式、問話方式，全部毫無保留地記載於本書中。銷售人員的業績壓力、與客戶錙銖必較的討價還價、碰壁時的「辛酸」與「疲憊」，也全部都是我的切膚之痛。

我透過本書想要做的，不是減輕你的艱難和辛苦，而是直接傳授給你事業上能獲得成功的奧祕，讓你能更進一步、痛快地拿下訂單，一掃心中的陰霾，享受颱風過後萬里無雲般的爽朗感受。

之前我也曾出版過銷售類書籍《瑞可利流（リクルート流）》、《法人銷售聖經（法人営業バイブル）》以及銷售小說《氣場銷售（オーラの営業）》，獲得了全日本銷售人員的熱烈迴響。

在瑞可利前董事酒井雅弘利用瑞可利股票的股市收益轉投資所發起的線上銷售培訓網站「銷售補給（営業サプリ）」中，「優秀銷售員培養講座　銷售的教科書」是由我所執筆的，其中多篇文章榮登Google搜尋榜首。

我在銷售補給的講解中，將銷售的知識分為13個類別、144項技巧，**本書精選出其中特別重要的部分，並將其歸納於10個章節中，無論從哪裡開始閱讀，都可以立即派上用場**。下一頁的圖解將會明示每一章所對應到的是13個類別中的哪一個。

此外，**在本書中也會知無不言地講解其他同類書籍或線上講座較少提及的核心技能與技巧、最新情報、管理表知識等**。

我會如此毫無保留，是希望這種誰都可以「立竿見影」的優秀銷售技術與方法可以傳承下去。歸根究柢這是由於我的「危機感」。

日本企業在國際競爭中已逐漸處於劣勢，曾經榮極一時的半導體、家電產業，如今已經被韓國和中國超越。汽車產業還在勉強支撐著日本企業的傾頹，但在當前全球ＥＶ化的潮流中，

〈銷售補給講座的13個類別與本書架構的關係〉

銷售技能

① 接觸準備	② 接觸	③ 傾聽	④ 公司內部分享	⑤ 提案企劃立案、準備報價單	⑥ 客戶提案	⑦ 簽約	⑧ 獲得訂單、交貨、施工	⑨ 售後跟進	⑩ 問題應對、客訴處理
第1章 第2章 第6章 書末資料	第3章 第4章 第5章 第10章 書末資料	第2章 第4章 第5章 第6章	第8章 第9章	第2章 第4章 第6章 第7章 第9章	第2章 第5章 第6章 第7章	第5章 第7章 第9章	第2章 第7章 第8章 第9章	第3章 第8章 第9章	第8章 第9章 第10章

實戰

⑪ 溝通技能	第1章 第2章 第3章 第4章 第5章 第6章 第8章 第9章 書末資料
⑫ 銷售補充技能	第3章 第4章 第5章 第6章 第7章 第8章 第9章 第10章 書末資料
⑬ 銷售能力的源泉	第8章 第10章

想必也是被壓得喘不口氣。

這不禁讓我想起當電視機的核心技術從映像管轉為液晶時，日本企業是如何失去競爭力的，一想到日本或許即將走向同樣的道路，我便感覺背脊發涼。擁有相同危機感的，想必不止我一個人。

新冠肺炎疫情期間，由於遠距工作的情況日趨增加，使我有更多的機會能夠見到帶著嬰孩和幼童的父母們。每當看到他們，我就會思考要極盡自己的所能，將日本的繁榮傳遞給這些肩負著下一世代的人。

因此，**我決定要向本書的讀者傾囊相授，公開所有優秀銷售員的技巧和維持企業成功的銷售技術**。我將知無不言、言無不盡，哪怕這本書會成為我所撰寫的最後一本銷售書籍，也不會後悔。

那麼，現在就開始我壓箱底的銷售講座吧。

2 不通篇閱讀，那該從哪裡開始讀？

首先，我要介紹4種不同目的的閱讀方式，來幫助讀者有效率地使用本書。本書與**其他需要從頭讀到尾的一般商業書籍的閱讀方法不同**。具體而言，比方說希望克服自身弱點的銷售人員，與想構建自家公司「銷售模式」的銷售企劃管理階層，這兩種人擁有不同目的，自然閱讀方式也會不同。在此先介紹4種代表性方法。

❶ 克服弱點

假設你原本就不擅長打電話和客戶約時間，偏偏受到新冠肺炎疫情的影響，遠距工作愈來愈普及，更增添了電話約客戶的難度，若你屬於這種情況，**首先請反覆閱讀第3章，再逐一去實踐其中「還算可行的項目」**。

如果依然無法取得成果，也不要全面否定這個方法，而是要慢慢修正調整。

❷ 強化銷售能力

先將目次大致掃過一遍，從你「想強化的點」、「希望克服的部分」開始閱讀。

當然，並不是讀過就這麼結束，請務必親自實踐書中那些不同於你以前採行的方法，實際感受效果如何。接著，**閱讀這些篇章前後的步驟，加以實踐，評估一下執行起來的感覺如何，如果感覺不錯，今後就融入自己的方法當中**。最後再通讀全篇，將與自己的銷售事業相符的方法全都試試看。

❸ 想建立自家公司「銷售模式」的標竿

如果是這個目的，最好還是從頭至尾通讀全篇。在閱讀時，**著重於「公司銷售的核心重點是什麼？在哪裡？」在循序閱讀的同時，明確釐清「書中所講內容與自家公司的差異，該如何套用」**。

❹ 想知道究竟什麼是銷售

抱著如此目的的讀者，**請先把所有章節的「STEP1」閱讀一遍。通過閱讀這些內容把握本書整體架構後，接著閱讀第4章的「STEP2」。然後，再回頭確認目次，自行閱讀希望深入了解的章節和項目**。當然，只要通篇閱讀過本書，自然會明白銷售究竟是什麼，也會了解銷售行業「應該如何思考」、「應該做些什麼」，在遵照執行後，便可用最少的努力，獲得最大的成功。

3 了解你公司的銷售特性

「銷售」一詞的意思廣泛，不同的銷售人員所面對的情況不同，因此為了提高成果而該強化的部分也完全不一樣。歸根究柢，**依據你所屬的公司情況不同，重點也會完全不同**。

有時候問題甚至不是出在顧客方面的銷售，而是應該加強公司的內部業務，才能夠更直接地提升績效，特別在製造業經常會遇到這種情況。

因此，首先你必須**掌握自己公司的銷售特性**。

最具代表性的有以下3種類型。

❶ 產品、服務主導型

最能象徵此類型的一句話就是「**產品實力強的企業，銷售能力（相對）較弱**」。這種現象也可歸結為「選擇與集中」策略的結果，簡而言之，擁有相當程度的吸引力與實力的產品和服務，顧客本身就已經知曉其魅力所在，於是即便銷售方面再怎麼疲弱，坦白說，商品也一樣能賣得出去。

如果一家公司的產品，即使不加強銷售能力也能暢銷，那麼它的銷售能力也不可能會進步。

所以，這樣的公司在銷售時，只需要將構成自身產品實力的要素——也就是功能特性、品質、產品陣容擺出來，客戶自然就會買單。

因此這種銷售被人稱為「**被動銷售**」。

❷ 技術、創意主導型

這種類型在大型製造業、ＩＴ產業、部分大型廣告代理商等行業較為顯著，簡單來說就是「**技術以及創意部門是公司的明星部門，銷售部門在公司內地位相對較弱勢**」的公司。

由於公司的主角是設計與創意部門，**銷售部門大多被定位成「技術部門與顧客間的傳話筒」**，比起對顧客做銷售，反倒是「公司內部業務」——督促技術部門認真工作、遵守交期等工作更加吃重。

舉例來說，某個大型廣告代理商的前管理人員告訴我，他們公司曾經直接稱呼營業部門為「聯絡部」。雖然後來改為「銷售部」，最近又改成了「商業製造部」，不過「聯絡部」這個稱呼充滿了十足的象徵意味。

❸ 銷售主導型

〈了解自家公司的銷售特性〉

1 產品、服務主導型

產品實力、服務、技術實力為最主要強項。銷售時應全面展示出自家產品的魅力

2 技術、創意主導型

公司的明星部門是技術、設計以及創意部門。銷售部門的職責為公司與客戶間的聯絡橋梁

3 銷售主導型

難以用產品實力、服務、技術實力凸顯優勢。銷售部門是公司的明星部門

與此相對的，另一種常見的公司便是**產品實力和技術缺乏競爭力，便倚靠銷售優勢來發展**的公司。野村證券與瑞可利可以說就是典型的例子。

野村證券的前身是以前大和銀行的證券部，靠著卓越的銷售能力一躍成為行業中的頂尖企業。瑞可利也是以銷售能力見長而得以發展的企業，「**銷售部門當家，且銷售力道強勁**」即是它的特徵。

4 了解你的銷售形式

在這25年間，我經常聽人說「以往的接單型銷售已經落伍了，我們要轉型為提案型銷售。」卻很少聽說有哪家企業成功地完成了轉型，而在這波轉型潮流中，最為成功的則是「從接單型銷售轉型為聰明的接單型銷售」。其實當中所提到「聰明的」一詞，在我看來本質上也等同於「提案型銷售」。也就是說，即便接收到「接單型銷售已經落伍，給我轉型為提案型銷售」的指示，銷售人員對於提案型銷售「到底該做什麼？」、「如何改變以往的做法？」仍毫無頭緒。

另一方面，「聰明的接單型銷售」則是以往「接單型銷售」的延伸，而非完全否定。只要在這條延長線上，加入「去問問客戶3個當前的困擾和難處」的指示，藉此收集客戶資訊，取其中的最大公約數來採取對應措施，從而提高業績。總之，我想說的是，**如果陷入「接單型銷售＝落伍」、「提案型銷售、顧問型銷售＝正確」的刻板印象，是無法做出成果的**。再說，這世界並非只有「接單型銷售」、「提案型銷售」及「方案型銷售」，還存在著其他很多種銷售形式。

要成為一個優秀的銷售，必須懂得依據不同目的，分別使用不同的銷售形式。這是因為最理想的銷售形式，會因客戶以及對方窗口而異。決定權在客戶手上，能夠隨機應變才稱得上「聰明的」銷售。

那麼，實際上有哪幾種銷售型態呢？在此歸納如下。

❶ 解說型

這種銷售形式在商談時，80％的對話都是由銷售人員發話。無論是為了詳細介紹產品、或者是為了引起客戶的興趣，不知不覺就變成銷售人員自己滔滔不絕地在說話。不僅剛進入公司一兩年的新人如此，銷售人員中最多的就是這種類型。然而若客戶本身很希望了解你的產品及服務，這種銷售形式便可奏效。

❷ 善於傾聽型（貼近客戶型）

這種形式在商談時，超過一半的時間是客戶在講話。嚴格來說，這種形式是由銷售人員提出客戶容易回答的問題、提供相關訊息來引導客戶主動傾訴當前的難題，或者分享引進的成功案例等，透過這些方式來推展業務。

❸ 聯絡橋型

這種形式會將客戶的需求和期待正確無誤地傳達給自家公司的技術部門、創意部門等相關團隊，在協調雙方意願的同時，妥善掌控並推進業務。這種形式要求銷售人員的機動性、洞察先機的能力，以及驅動他人的能力。

❹ 接單型

這種形式大多是向現有的生意夥伴進行銷售，經營手中的客戶，從「有什麼需要嗎？」切入，以獲得客戶的訂單。

最近有一股否定這種「接單型銷售」的風潮，但是從一個以開闢客源起家的銷售人員看來，有願意讓你上門拜訪的客戶，能夠被客戶當做自己人，已經足夠讓人稱羨了。銷售人員應該意識到這項「優勢」，並在此基礎上，更上一層樓。

⑤提案型（顧問型）

首先，廣告公司、策劃公司、製片公司、顧問公司等行業的核心產品就是「提案」，在銷售上自然而然也採用這種形式。

在其他行業中也是一樣，**針對客戶的各種疑難雜症提出解決方案，這種作法就稱為提案式銷售**。

另一方面，有些銷售人員雖然自稱「提案型銷售」，但實際上在客戶看來並不能解決自己的問題，只是銷售員在單方面進行「產品的提案」，一廂情願地認為自己是在「提案型銷售」。這種「假提案型銷售」也不少，兩者不應混為一談。

⑥共創型

這是將前面的「提案型」加以進化之後的型態，尤其在ＩＴ產業中較為普遍。**由於各項產品和服務已發展到極致，ＤＸ（數位轉型）、ＡＩ（人工智慧）等新概念的登場**，形成了這種新式銷售型態。

技術飛速進步，就連企業方本身都不知道希望得到何種提案，既然如此，不如便一起創造出新的業務和服務，共創型的銷售型態因此應運而生。這種銷售方式要求銷售人員具備創新的理念、萌發「新角度」的想像力等概念化技能。對於想用創意取勝的銷售人員來講，可以說是最適合他們的形式。

❼ 技術知識型

在ＩＴ產業與製造業裡，技術員出身的銷售人員並不在少數，在客戶看來，技術知識豐富的銷售人員令人十分放心，而且**他們自身就可以完成如製圖、簡單的設計變更等工作，無論對於顧客還是公司來說都是十分寶貴的人才**。

我希望今後這種人才會愈來愈多。

❽ 被動型（接受型）

從接受顧客的詢價、需求建議書（RFP：Request for Proposal）起步的銷售形式。這種方式在製造商、總承包商、分包商、設備類、ＩＴ產業等業界中十分普遍，甚至有些公司銷售員的工作就是對應顧客詢價。

❾ 主動型

與被動型完全相反的類型，**銷售人員主動出擊，鎖定與挖掘潛在客戶，從推動立案到收割**

〈你屬於哪一種銷售形式？〉

1	**解說型**	以介紹產品為主。容易自顧自地說話。銷售人員中最常見的類型
2	**善於傾聽型（貼近客戶型）**	以傾聽客戶講話為主。發問的機會多。定位近似於客戶的商量夥伴
3	**聯絡橋型**	以連接客戶與自家公司其他部門為主。擅長積極奔走
4	**接單型**	以承接客戶訂單為主。類似於客戶的自己人
5	**提案型（顧問型）**	聽取客戶的疑難雜症，提出解決方案。並不僅僅是針對產品進行提案
6	**共創型**	與客戶共同創造的形式。在IT產業較常見。需要做企劃、提供創意
7	**技術知識型**	技術員出身等擁有專業技術知識者擅長的形式。對客戶來說是十分寶貴的人才
8	**被動型（接受型）**	從接受詢價、製作需求建議書起步。在製造商、總承包商、分包商、設備類、IT產業等行業中比較普遍
9	**主動型**	主動鎖定與挖掘客戶。開闢客源的主流形式
10	**人格魅力型**	銷售人員的人格魅力出眾。深得客戶喜愛，具有獨一無二的銷售方式

獲益的積極主動型銷售。日本昭和、平成初期的經濟成長時期，便是這種銷售形式的全盛期，即便到了現在，這依然是開闢客源的主流形式。

⑩人格魅力型（莫名深受客戶喜愛）

有一類人雖不以技術知識見長，也不見得有高度積極性或專業意識，**卻不知為何深受客戶喜愛，是深具魅力的銷售員**。他們大多是些「有趣」的人，往往會被顧客親切地以綽號來稱呼，人格魅力就是他們強而有力的武器。站在競爭對手公司的角度，這種類型的人是非常討厭的存在。

以上總共介紹了10種銷售形式，**你屬於哪一種形式呢？首先第一步，你必須了解自己是哪一種銷售形式。要提升自己的銷售能力，需要懂得靈活運用多種形式**。因此必須去了解其他還有哪幾種銷售形式，這也是我作出以上解說的理由。

希望在將來，你可以選擇適合所屬行業、所在公司的其他種銷售形式，並在某種程度上能確實掌握它。

當然，這些形式當中的「⑦技術知識型」和「⑩人格魅力型」並非我們自身所能控制，直接排除也沒問題。

5 了解自己擅長和不擅長的領域

為了更有效地使用本書，在一系列的銷售流程與行為中，**希望你務必進一步釐清自己擅長與不擅長的領域**。

我刻意強調「進一步」這個詞，是因為凡有過1年以上銷售經歷的人，想必你早已對自己擅長和不擅長的部分有了大概的認識。或許你的上司和前輩曾給過你忠告，又或者你是從遇到的麻煩及客戶投訴當中領悟到的。

通過本書，我希望你可以從「大概的認識」更進一步，明確了解**自己擅長的事情是為什麼擅長，不擅長的事情又是為何不擅長**。

希望你可以意識到**選擇什麼「方法」可以順利挽救你不擅長的事情**，並通過一一實踐這些「方法」，學會使業績增進的銷售技能。

6 發揚自己的長處，或捨棄自己的弱點

基本上，我們銷售人員每天的工作就是以自己的「長處」為武器來戰鬥。與此同時，所有的銷售人員都有各自的「短處」與「弱點」。關於這方面，有2件事我希望大家可以透過本書進行確認。

首先是關於「長處」。**我希望你在閱讀本書時，能夠深度挖掘出你的「長處」在銷售過程中是如何派上用場的。**具體來說，請仔細分析你是如何找到讓「銷售成功的方法」，又是如何加以落實的。

接下來是**依照本書中所寫的提示，試著找尋是否有其他的銷售手段和方法，能夠取代你在閱讀本書以前，所認為的自身的「短處」和「弱點」，並以此顯著提高自己的業務轉化率和訂單率。**

其實，「短處」也好，「弱點」也罷，以銷售人員來說只要能提高業績，那些都不是問題，**最重要的是「方法」**。

7 行有餘力時，請客製化你的銷售技巧

我在徹底掌握了瑞可利和其他公司中頂尖銷售人員的每套銷售流程的方法與技巧後，於留學美國研讀MBA期間，在雄厚的教授陣容指導下將其體系化，回日本之後出版了**《瑞可利流最強的銷售力大全》**（書名暫譯，PHP研究所）。

這是我首次將銷售技術歸納為完整體系後出版的書籍，雖然暢銷一時，但在某次的銷售研討會上，一間綜合商社的俄羅斯地區銷售員對我說：「我拜讀了大塚老師的書，但還是不明白這些知識應該如何運用在自己的工作中……」。

其實，**就如同該書的書名「瑞可利流」所示，它是以瑞可利的優秀銷售技巧為基礎，再將銷售分為7個類別，將各個類別的方法歸納統整為「62個技術與要素」**。

因此，如果你是與瑞可利的銷售方式類似的綜合人力資源服務、廣告代理商、IT產業、客源開拓、提案型銷售人員的話，那本書將非常實用，但是對於基礎建設產業的銷售或是製造產業的客戶深耕型銷售來說，它並不能成為萬靈丹。出版該書之後的十幾年間，補充這些領域的相關知識一直是我的主要課題。

原本我做銷售顧問與銷售培訓的客戶以IT產業居多，幸運的是，與製造商之間也愈來愈常合作，漸漸地，包括全球化銷售在內，和核電廠、火力發電廠、渦輪機、供水和汙水系統、鐵路、電梯、空調、照明和建築設備等重型電子製造商的基礎設施領域的合作機會也多了起來。

加上在這些日本主力產業中提供銷售顧問、銷售培訓的經驗，**我將銷售方法統整為「13個類別、144項技巧（方法）」（請參照第47頁）使其可以應對所有的實際情況**。如同我在第72〜75頁中所寫的，以個人為取向的（B to C）銷售特性取決於8個要素，而法人取向的（B to B）銷售特性取決於10個要素。即使將範圍縮小到僅限法人取向，若要將所有程序裡的一切銷售模式盡數網羅，則總共將有7776種模式，數量相當可觀。

我已將其中的一部分連載於前文提及的**「銷售補給　銷售的教科書」**中。這些文章的讀者多達158萬人，文中多數內容均位列Google搜尋榜首，我相信由此也可看出，這些內容獲得了全日本銷售人員的支持。

而在本書中，我將會更進一步地加入滿滿能夠「立竿見影」的技巧，力圖讓本書成為一本銷售學習參考書。

當然，我在這裡講解的內容，也許未必完全對應你所面對的銷售現實。當遇到這種情況，希望你不要急著全盤否定，認為「與我們產業完全不同」、「我們公司用不上」，而是**試著思考「運用在這個產業應該要改變哪些地方」、「要如何微調才能適用於自己的公司」，客製化屬於你自己的銷售方法**。

凡是挑戰過「建立銷售體系」的人，想必都深刻感受過從零開始構建的艱難。**你是否曾經渴望有一個能作為樣本、模範、標竿的基準存在？**本書旨在成為同類型中絕無僅有的一本，請務必將書中所述內容加以融會貫通，重新塑造成符合各位自身情況的一套方法，讓業績突飛猛進。

INTRODUCTION

分析一下，你屬於哪一種銷售？

～銷售的種類～

「銷售」這一個概念，其實當中包含了很多種類，**在不同公司、不同部門、不同的負責人手中，各有不同的見解**。比方說，以公司或組織為銷售對象的法人銷售（B to B），與對個人推銷房產和人壽保險的個人銷售（B to C），兩者無論是銷售程序、還是獲得訂單的關鍵因素都不一樣。近年還出現了一些企業，透過劃分內部銷售與現場銷售而取得了不錯的績效。這部分將於後續說明。

作為出發點，我將在此分享一些**代表性的銷售種類**，幫助你分辨自己屬於哪一種銷售類型。

1 法人銷售（B to B）與個人銷售（B to C）

如字面所示，法人銷售即是以法人、政府機關、組織機構為對象，個人銷售則是向個人或家庭進行銷售。即便同為「銷售」，面對的是法人還是個人，其商談的金額規模、到成交以前的接觸頻率和期間可是大相逕庭。

「法人銷售」與賣車、房屋、壽險、金融產品、裝修的「個人銷售」之間，有著決定性的不同，那就是**法人銷售是專業人員對專業人員的銷售，個人營業則是專業人員對業外人士的銷售**。在前者的情況下，經常遇到對方所掌握的技術與知識比銷售人員更多；而在後者的情況下，對方絕大多數是外行人。

因此，面對業外人士時的銷售重點為如何更簡明易懂地介紹產品的魅力和優勢，與法人銷售相比，銷售人員的第一印象、誠意、禮儀教養等因素更為重要。

2 巡迴銷售與客戶開發

巡迴銷售，指的是對固定的商業夥伴進行的銷售行為，對長期來往的客戶進行定期訪問、推廣新產品或者是共享資訊。

另一方面，客戶開發則一如字面意義，指的是透過銷售活動拓展新客戶，為公司謀求新的生意對象。從難度上來說，客戶開發自然要比巡迴銷售難上5～10倍，但從現存客戶可獲得的收益是呈現遞減趨勢的，因此**為彌補遞減部分以及確保足夠收益，客戶開發是一項不可或缺的業務**。

只不過，在大環境處於經濟成長期時，獲取新客戶並不是件難事，然而在當今的低成長時代，**拓展新客源的業務容易令銷售人員疲憊不堪**，所以各家公司都在絞盡腦汁推出各種新的措施。

另一邊的巡迴銷售，其實也並非那麼輕鬆，接手了老主顧，同時也是接手了過去的一切問題和枷鎖，從這個意義上說，巡迴銷售業務也並不能大展手腳。

特別是對於好奇心旺盛的人來說，當他的主要業務內容僅僅是討價還價，可能就很容易厭倦，因此自己需要下點工夫來讓業務增加樂趣。

3 專員銷售、產品銷售、方案銷售、地區（區域）銷售

專員銷售是運用在廣告代理商以及ＩＴ產業的概念。銷售人員緊貼大宗客戶，成為整個項

目的窗口，**目的是為了提供對應方案和措施來解決客戶的疑難雜症**。而每個銷售人員負責特定的產品或方案，針對負責的部分挖掘商機、擴大銷售的這種銷售方式，則稱為產品銷售與方案型銷售。

另一方面，在客戶較少、不需要細分為專員銷售、產品銷售、方案銷售的地區，往往會將這些功能合而為一，以地區銷售的形式來發展業務。

4 大宗客戶銷售與地區銷售

大宗客戶銷售是銷售專員只負責服務一個特定的大型客戶，地區銷售則是銷售人員負責擔任該地區除大宗客戶以外的所有銷售業務。

在這種以交易規模大小區分重要客戶的情況中，很常見到將客戶分為大型、中型、小型、休眠客戶、新客戶等，以此「切分」銷售業務。

5 房產銷售與地區銷售

如果你在網上搜尋關鍵字「房產銷售」，會發現出現的大多是講不動產銷售的文章，而此處所提及的「房產銷售」指的則是大樓、工廠、醫療設施、展演廳、公寓等「房產」的新建和改建中發生的建設施工、設備引進的銷售業務。在這種業務中，**人們往往會以「房產單位」來管理銷售業務，因此我將其稱為「房產銷售」**。這種類型也和④中提到的大宗客戶銷售與地區銷售一樣，「房產銷售」指的是高於某個規模的大型業務，而**小規模的房產業務則常被歸納在地區銷售業務中**，因此我將這類業務區分為「房產銷售與地區銷售」。這些新建案若等政府公告或專門雜誌上刊載後再行競標，可就為時已晚。如何從施工業主和裝潢設計公司等上游提前獲取情報，就成為了這種銷售業務的致勝關鍵。

6 內部銷售與現場銷售

這是當前最新的銷售概念，**inside sales直譯為內部銷售，field sales則是現場銷售，兩者的重點在於其內容和相互聯動。**

隨著網路與ＩＴ工具的進化，如今已可藉由網站的訊息傳遞，以低廉的成本收集到潛在客戶。**使用電子郵件或電話等方式拉近潛在客戶，確認並提升他們的興趣指數，便是內部銷售的使命和責任。**

在此基礎上，如果對方希望進一步了解詳情，就換現場銷售登場了。當然，有些行業的商品價格如果是在數十萬圓左右，也許在內部銷售的階段就可以完成交易，但是**一般情況下，原則上會從客戶的初次訪問開始，由現場銷售來接手業務。**

現場銷售就是從古至今極其普遍的一種銷售方式，就好比棒球的投手從先發完投型，發展到劃分為先發投手、中繼投手、救援左投、布局投手、終結者等角色，**銷售業務也是一樣，引入了內部銷售的概念，不斷進行提升與進化**。

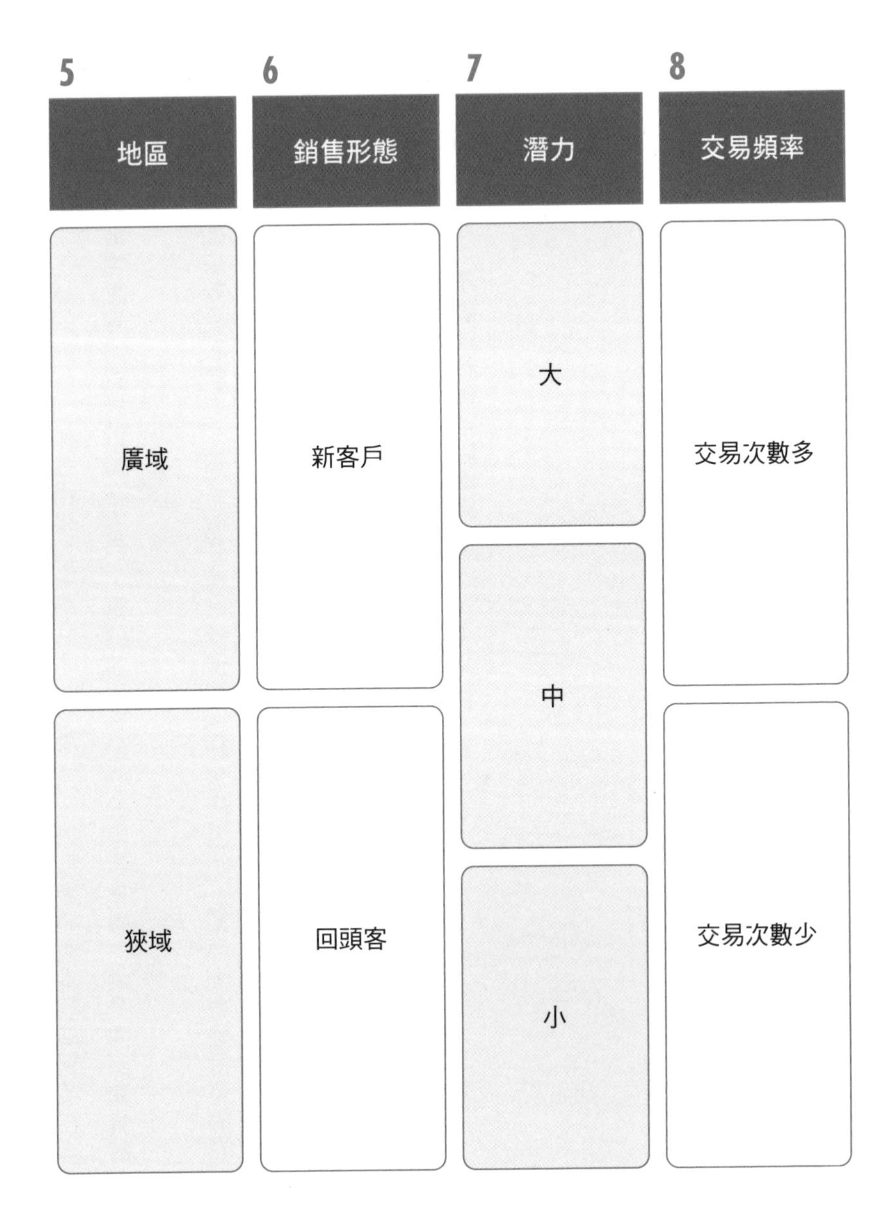
5
地區
廣域
狹域
6
銷售形態
新客戶
回頭客
7
潛力
大
中
小
8
交易頻率
交易次數多
交易次數少

〈決定個人銷售（B to C）特性的8個要素〉

6 銷售形態	7 負責客戶數量	8 交易額（年度）	9 潛力	10 交易頻率
既有客戶	1間～數間公司	高 前20%	大	交易次數多
	數十間公司	中間40%	中	
新客戶	百間公司以上	低 後40%	小	交易次數少

〈決定法人銷售（B to B）特性的10個要素〉

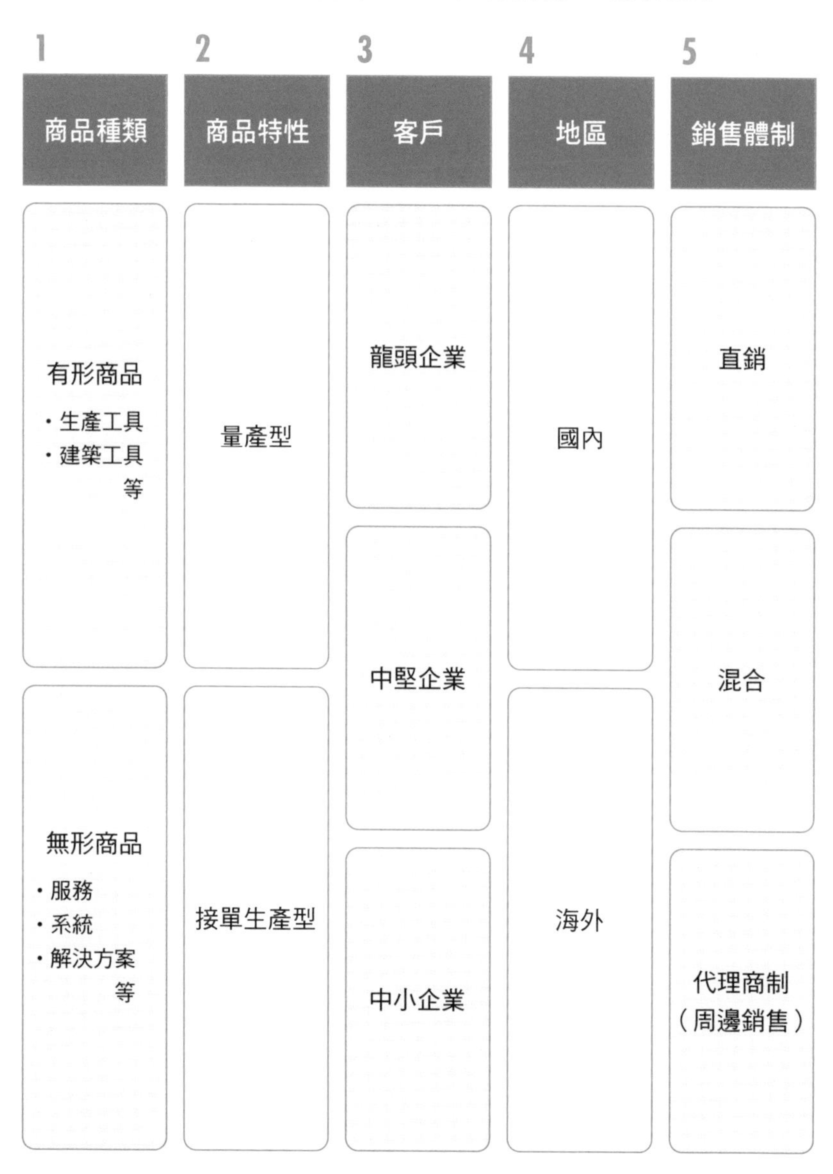

第2章

只需透過「這樣」的接觸準備，「立刻」變身為優秀銷售員！

STEP 1

易挫敗情境之快問快答

~給有苦難言的銷售人員一些建議~

1 對產品的知識有限，無法妥善介紹產品

最好的方法就是跟隨3名左右的前輩，與他們一起去實際做銷售的地方，盡可能將把他們講解產品的情形全數記下，徹底仿照。當然用遠端陪同的方式也是可以的。

產品的訴求重點和介紹重點是固定的，只要多多接觸別人銷售的情景，自然而然能夠加以重現。

當然，自己同時參加一些學習會等，對於掌握產品知識一定更有幫助，不過最快的方法還是親眼見識前輩的銷售過程，從中學習。

如果沒辦法製造跟去觀摩銷售的機會，也可以請前輩扮演銷售人員，你或其他人扮演客

戶，模擬一場介紹產品的角色扮演，用智慧型手機或平板電腦錄下來。**反覆練習，直到能夠將其完全重現。**

這種時候，同樣建議請3名以上優秀的前輩扮演銷售人員的角色來做示範。

2 缺乏技術知識

簡答

只要是銷售人員，無論你多麼優秀，都有可能遭遇缺乏技術知識的情況，這可以說是銷售人員的宿命。

話雖如此，假如在一場商談中，重複3次以上「不好意思，我在這方面學習不足，待我向技術部門確認後會立即給您答覆」，說不定對方就會暗想「是不會派個懂技術的人來嗎！」留下壞印象。

此處的關鍵點在於**對方是因為對你的產品感興趣，才會詢問技術相關問題，所以務必要將此視為好事。**

這時候可以說「那麼，下次我會和技術部門的人員一起前來，因此……」，藉此約定好下一次商談的時間，也可以說「我會把您的問題帶回公司，向技術人員確認清楚再答覆您」。

只不過，若是後者的情況，則**回答速度至關重要**。可以當場打電話給技術部門確認並回答，**倘若是無法立刻回答的內容，也要爭取盡快給出答覆**。勝負就取決於速度。

如果由於技術部門繁忙而延誤了回覆時間，也不要忘記適時向客戶回報確認進度。

3 無法分享案例

這對客戶來說是一件失禮的事。事先調查清楚，並能夠侃侃而談，是作為銷售人員最基本的禮節。

一個優秀的銷售人員應該如何掌握案例細節呢？就是直接去問實際負責那些案例的銷售和技術人員的經歷。直接面對面詢問也行，透過電話或者線上的方式也可以。**直接從負責人的口中聽取事例，更能夠感同身受，重現時的完整度也會顯著提高**。這樣在為客戶講述時，就可以像是自己親身經歷過一般。

有10個案例就去問10個人，20個案例就去問20個人，漸漸地，你就能將案例解說得更加栩

STEP 2

接觸準備篇

「卓越銷售力」培養講座

1 掌握客戶行業的趨勢

為了更容易推測出你目前所負責、或接下來想建立合作關係的企業的「困難」和需求，也為了避免陷入「見樹不見林」的狹隘思考，**在進行企業分析之前，必須先了解並掌握對方企業所屬行業的整體趨勢**。

所謂行業，指的是「IT」、「汽車、汽車零件」、「重型電子、工業電子設備」、「壽險、傷害險」、「銀行」、「證券」、「政府機關」等產業或服務分類。**日本證券交易所用的33項分類太過籠統，求職求才媒體所使用的70多種分類會更容易運用於銷售業務**。掌握行業趨勢的方法有以下3個階段，我希望各位花在吸收這一段的時間不會超過1小時。反過來說，你只需要在1小時內大概掌握方向，作為起頭即可。

❶ 掌握概要

我們可以從「**對什麼樣的客戶**」、「**以何種業務流程**」、「**介紹什麼樣的產品**」這3個切入點來掌握概要。

至於情報來源，古往今來都是使用求職求才的媒體和網站，而更快捷的方法則是請教你的前輩和上司。

❷ 推測環境變化對行業的影響（PEST分析）

在掌握概要後，下一步便是確認最新的動向，也就是「業況」——**環境變化對於該行業是「順風」亦或是「逆風」**。

經濟復甦還是蕭條會牽動公司是否願意編列預算，而且預算額度也會產生極端的差異，因此需要謹慎分析環境變化帶來的影響。

此時要用到的最標準方法為「PEST分析」，即**從Politics（政治）、Economy（經濟）、Society（社會）、Technology（技術）這4個「切入點」來分析環境變化**。

Politics（政治）這個詞可以再稍微深入分解，如針對新型流感等疾病的特別措施法這類的法令，以及「2030年汽油車禁令」、「工作方式改革、推動遠距辦公」等方針政策，推測其會帶來何種影響。

Society（社會）的主題則有氣候暖化、總人口下降、少子化與高齡化、遠距工作的普及化所帶來的東京人口外移等，訣竅在於將其細分為地理變量、人口變量、心理變量和行為變量等因素來進行分析。

至於Technology（技術），當今DX（數位轉型）、AI、IoT等技術正熱門，可以密切關注它們將會如何改變行業現況。

❸ 掌握行業面臨的困境

例如「運輸業」，卡車司機短缺即是該行業特有的嚴重問題。尤其是重型卡車司機，由於職責範圍包括裝卸貨物，女性通常會對這工作敬而遠之，而大型車輛駕駛執照修訂考取辦法後，更大幅降低了年輕人的考取率，導致目前很多重型卡車司機即使到了退休年齡，公司也不同意讓他們退休。類似這樣的現象就是所謂的「行業困境」。

另外，在開關客源方面，近年來約訪成功率不斷下降，而在這次的新冠肺炎疫情中，除非讓客戶感覺到有解決問題的可能性，否則可能根本不會有和客戶見面詳談的機會。因此，第一步**必須從評估客戶的行業困境開始，來推論出客戶想解決的問題。**

由於這些是行業中普遍存在的問題，因此我們可以透過報紙、電視報導、專業雜誌或網路搜尋輕鬆得知，而若是能夠**從自己公司內部負責該行業的同事那裡獲得第一手情報**，便有可能

〈掌握客戶行業的趨勢〉

① **掌握概要**

「對什麼樣的客戶」
「以何種業務流程」
「介紹什麼樣的產品」

情報來源：求職求才媒體、專業網站、前輩和上司

② **推測環境變化對行業的影響**

PEST分析

Politics（政治）→ 行業環境 ? ← Economy（經濟）
Society（社會）→ 行業環境 ? ← Tchnology（技術）

情報來源：報紙、電視報導、新聞網站

③ **掌握行業困境**

分析行業當前現狀
推測可能的問題

情報來源：報紙、電視報導、新聞網站、網路搜尋、專業雜誌、研討會、業界相關人士

讓客戶留下「這個銷售員很懂這行」的印象。

2 銷售輔助分析究竟要分析什麼？

我經常聽到前線的銷售人員坦言說：「雖然知道客戶分析很重要，卻不知道該分析什麼，以及如何分析。」

或者可以說，更多的情況是：銷售人員用自創的「銷售分析」法，並沒有辦法幫助他們獲得最關鍵的商談機會或訂單。

❶ 在10分鐘內完成

若是你屬於先前介紹過的專員銷售的情況，1位銷售專員只負責應對1家或2家公司，那麼我希望你多花時間仔細分析客戶、審慎制定客戶方案。

不過，如果你是必須開關客戶，或是必須應對多家公司的銷售人員，那麼我希望你能盡量縮短花在銷售分析上的時間。因為它會降低你的銷售效率。**大致上來說，直接限制自己「在10分鐘完成客戶分析」，乃是提高銷售效能的最大訣竅。**

因此，我建議大家使用市場行銷學的權威菲利普・科特勒倡導的「6O」框架來執行機械式分析。

❷ 6O

6O所指的「切入點」首先是（1）由誰組成市場、（2）購買什麼、（3）何時購買、（4）誰與此購買相關、（5）為何購買、（6）以何種形式購買，由以上6個切入點所構成。

這6個切入點的英文首字母都是「O」，因此被稱為「6O」概念，之後又加入了同樣首字母為「O」的（7）以什麼通路購買（商品流通，Outlets），所以嚴格來說，是以7個「切入點」來分析。

(1) 由誰組成市場

你需要先了解自己要分析的對象——客戶的客戶，也就是要了解「誰是終端用戶？」這件事。為了從終端用戶購買行為的變化，推測消費端是否面臨什麼樣的問題，並以此作為銷售的突破口，就必須先由此處著手。

(2)購買什麼

我們要分析的是客戶的客戶做出「要買什麼」時的決定準則。我推薦的分析方法是：從功能特性、規格、性能、質量、價格、使用時長等項目中選出5項，並以100分滿分為各項打分數，以此凸顯出優先度。

(3)何時購買

根據產品的使用壽命和租賃期間，大多數的產品都會迎來汰舊換新的時候，或是出現新添購的契機。有些會集中在年底，有些則會避開夏天和冬天，集中在春秋兩季進行改裝施工。只要事先掌握這些資訊，不僅能對客戶的業務特性有所了解，還能夠使對方產生你很熟悉這個行業的印象。

(4)誰與此購買相關

這個問題可以根據行業來粗略地分成幾個模式，通常可認定這些相關者來自以下3個部門：用戶部門、負責比對分析的部門和負責採購的部門。業務規模愈大，各部門的負責人、課長階層、部長階層、幹部階層等這些人物就會有愈多登場機會。職位最高的人不一定是關鍵人物，不妨先以假定的方式，或參考過往的案例來預想採購相關人員——稱之為「涉眾」

〈有助於客戶分析的6O+〉

1	Occupant（占有者）	由誰組成市場
2	Object（物品、對象）	購買什麼
3	Occasion（時機）	何時購買
4	Organization（組織）	誰與此購買相關
5	Objectives（目的）	為何購買
6	Operation（操作）	以何種形式購買
+	Outlets（商品流通）	以什麼通路購買

（stakeholder）。

(5)—為何購買

這個問題也可稱為客戶需求，當然若是把它看做「購買動機」和「購買背景」更好。主要為「客戶當前的交易對象應對太慢」、「客戶想降低成本」、「客戶想加強安全性」這些因素。能夠想出愈多此類購買動機，就能發現愈多潛在客戶，尤其是在展開一項新產品和新服務的銷售時，這些因素都將成為開發新客戶的關鍵「切入點」。

(6)—以何種形式購買

這一項同樣是根據行業分為幾個固定模式，有些行業習慣用招標、多家公司比價，或是先召集約莫10家公司，從各家提出的方案和粗略報價篩選出5家後，再由這5家競標的形式；還有些行業習慣刻意從多家公司分散買進。其中像是系統翻新、擴建工程這類業務，可能會發生現有承包商在競爭中具有壓倒性優勢的情況，因此應該在銷售的事前準備和接觸準備階段就先預想對方的購買模式。

(7) 以什麼通路購買（商品流通，Outlets）

直銷——即賣方直接向買方銷售的情況很容易理解，然而有些業界是連委託刊登都由銷售人員一手包辦，只有產品本身委託代理商銷售。

當中也有一些行業會透過中間商來銷售，如製造商的銷售人員會對每個建案的設計公司、總承包商和分包商推銷，請其代為向終端客戶引薦使用自家產品，而最終產品的實際流通是通過建材行、電器材料行、配管材料行（空調相關批發商）等批發商來販賣。此外，相對於直銷的銷售則是間接銷售；在很多情況下，需要由銷售人員對經銷商，例如建材行、電器材料行、配管材料行等貿易商、代理商進行銷售，有不少的行業甚至要對客戶的指定批發商進行銷售業務（有時製造商的銷售人員會與下一工程的建築商一同對客戶銷售，有時候也會直接交給代理商，此取決於代理商的政策）。

對個人客戶進行客戶分析，是為了**掌握潛在客戶的客戶屬性**。它直接關係到你的目標——即向什麼樣屬性的人銷售，可以獲得最高的專案成立和成交率，這對業績的影響重大。例如，日本首款油電混合汽車Prius的客戶屬性號稱可分為3種類型。一種是環保意識高、被稱為社會派的人，還有一種是想降低通勤或上學時的汽油成本的人，最後一種則是「喜歡新事物」的人。

同屬汽車類案例的，還有Alphard和Vellfire等高級SUV（Sport Utility Vehicl，運動型休旅車）。事實上，就客戶屬性而言，它們深受偏鄉雙薪家庭教師們的歡迎。事實上，雙薪的教師家庭的可支配收入雖然多，但是顧慮到PTA和當地人的看法，他們很難選擇賓士、BMW這樣的進口車。雖然Alphard的價格可能比賓士的C等級和BMW的3系列還要昂貴許多，但是不熟悉車子的人並不會注意到這些。儘管車內座位和商務艙一樣豪華，從車輛的外觀卻是看不出來的。

又或者，一家推出了10萬日圓面霜的化妝品公司將目標鎖定在富裕階層，與某百貨公司的外銷部門合作，參加了一個畫展活動。然而，那些花3000萬日圓購買畫作的顧客卻說：「面霜10萬日圓太貴了。」結果面霜完全賣不出去。因為將10萬日圓面霜的目標屬性定位為「富裕階層」是錯誤的。

把握個體客戶屬性的具體方法，同樣是先用前面提到的「60」作為「切入點」最為快捷

方便。也可以再更進一步，詳細設定「組成市場」的「客戶」的典型屬性。

此時經常使用的屬性有年齡、家庭結構、職業、收入、社會地位、價值觀、教育程度、生活方式、過去的購買傾向、購買頻率等。

3 從下單機率高的客戶開始銷售（鎖定目標族群）

在開始一項新產品或服務的銷售，以及在開發新客戶時的鐵則，是從最有可能獲得訂單的目標客戶開始著手。

❶「表列名單」決定成果

因此，我們必須要假定什麼屬性的目標會更容易產生訂單，再選擇或創建一個目標名單。從這個意義上來說，**在這個「名單」出爐的階段，就已經決定了你的成果**。舉個很好理解的例子，在成人禮和服的銷售中，「17歲女性」便是一個黃金名單，因此一切都必須從取得這個名單開始。

再舉個例子，某家印刷公司在數位化急速發展的衝擊下，營業額日漸低落，此時作為多元化業務的一部分，他們開始推出促銷用的桌曆業務。受預算所限，他們只設計了「動物」和「風景」2種款式。前者的目標客戶是全國的「動物醫院」。他們創建了全國各都道府縣的動物醫院清單，按照地區選出樣本客戶，發送試用品，再選擇其中回應率最高的縣，對其中所有動物醫院開始進行銷售業務，成功步上了軌道。

❷「早就在等這個產品了」——潛在客戶（領頭羊）的存在

很神奇的是，無論市場上推出什麼產品或服務，**總會有早已期盼該商品許久的人（領頭羊）出現，率先購買**。如果套用羅傑斯的市場擴散理論模型，這些客戶層約占2・5％。因此銷售人員需要先從市場中挖掘出這些客戶，從他們開始著手。有些企業會將這種客戶層稱為「核心客群」。

❸有益處可享（買者可獲得好處）就會購買的潛在客戶

還有一群潛在客戶，他們的成交率僅次於前面提及的「一直在等該產品」的客戶層，他們**受產品帶來的益處所吸引，進而購買。所謂的益處，就是客戶經由產品或服務可得到的好處。**因此，與方才的2・5％潛在客戶不同，這一群客戶需要你準確地告知他們產品的益處，此時更凸顯出溝通的重要。這一客戶層的占比約在13・5％左右，有些公司會將其分類為「主要客群」。

❹ 買和不買意願各半的客層，以及絕對不會買的客層

下一群客層則是「買與不買的機率各占一半」的客戶，不清楚他們為什麼會買，也**不清楚他們為什麼不買。而且可預想這一客戶層的數量超過整體的一半**。因此銷售鐵則便是對前述的2・5%、13・5%客戶達成了一定績效之後，再接觸這一群體。再加上**還有一群不算少的人，他們「絕對不會買」的意志堅定如山**，所以與前述的2・5%客戶同樣，你需要找出什麼樣的客戶「絕對不會買」你的產品，避開他們以提高銷售效率。

❺ 如何獲得潛在客戶（領頭羊）

隨著網路的普及，依靠網站諮詢、下載資料等方式，我們可以便捷地獲得對自家產品感興趣的潛在客戶（領頭羊）的訊息。這個領域如今被稱為**數位營銷（Digital Marketing）**，當中玉石混淆，也存在著前述的2・5%客戶，極有潛力發展為一筆大生意，所以要事先**擬定應對程序來因應各種可能性**。在獲取「領頭羊」這層意義上，展示會、方案研討會、線上研討會的

參加者們也同樣是潛在客戶，最好能夠持續採取可廣泛獲取「領頭羊」的行動，向市場不斷撒網。

4 把握關鍵人物的技巧

在網路出現以前，尤其是大公司的客戶開發業務，銷售人員是否具備把握關鍵人物的技巧是一大關鍵。日本的書店會販售一種叫做《鑽石公司職員錄》（書名暫譯，鑽石社）的便捷型錄，在圖書館也可以輕易複印。這本職員錄竟然登載了各大型與中堅企業的所有部長（有的公司連課長也有）的名字、畢業院校、家庭住址和愛好。那些擁有強大銷售實力的公司就會依據這些資訊，讓銷售人員在休假日時直接登門拜訪，或在附近埋伏，製作偶遇機會。

隨著個資保護的普及和各企業日加嚴實的公司守則，自2011年起，這些資訊已不再發布於紙質媒體，不過這項服務改名為「D-IVISION NET」，除去了家庭住址等訊息，現在轉為數位服務仍在營運。

然而，隨著網路改變了遊戲規則，如今任何人都能輕而易舉地把握關鍵人物了。

❶ 使用網路搜尋關鍵詞的技巧

首先，在目標公司的網站上找到他們的組織結構圖。有了組織結構圖，就可以確定你將要銷售的產品是由哪個部門負責。

如果網站上沒有刊載組織結構圖，也可以從目前手中類似規模的客戶來類推。然後再**到網路上搜尋「公司名稱、部門名稱、部長」，搜尋引擎就會去抓取相關調職新聞等消息**，可從而掌握最新的部門長官姓名。

又或者，即使沒有組織結構圖，如果你要銷售的對象是如「人力資源部」、「採購部」、「工廠長」、「設計部」這類職能明確的部門，那麼也可以搜尋這些部門名稱，在不斷搜尋中，也是有很大機會找到正確的相關部門。此外，你也可以從該公司的新聞或招聘資訊等網路訊息中尋找相關部門。

❷ 針對中小企業客戶

中小企業的人事資訊可能很難被搜尋到，這種情況下，**如果是300人以下的小公司，我建議你直接接觸該公司的老闆**。或許有人認為這難度很高，但是少於300人的小公司，接觸老闆和接觸部長級別的難度並沒有太大差別，甚至賢明的老闆也會期望通過銷售人員來了解最新情報，所以成功約到業務拜訪的機會是很大的。

❸ 從行業團體年鑑、產業雜誌、產業報紙涉獵

許多時候行業團體會定期發行會員名單，而從產業雜誌和產業報紙的報導中，也經常可掌握到關鍵人物。

❹ 透過「諮詢電話」把握關鍵人物

如果上述方法都行不通，也可以直接打電話詢問，比如「請問負責某某項目的是某某部門嗎？」由此來確認相關部門。不過，偶爾會發生電話那頭的人也不清楚的情況，於是你的電話就像踢皮球一樣被轉來轉去，**不過在被轉來轉去的過程裡，就此找到目標部門**的時候還是比較多的。有些公司也會反問「每個案件由不同的人負責，請告知具體案件名稱」，往往必須提供具體情報才能進一步接觸，這種例子也時常可見。

❺ 實在不行就找「某某部長」

如果上述方法都無法找到關鍵人物，大不了就直接指定職位名，比如「請幫我轉接人事部長」、「請找資訊系統部長」、「請找工廠長」，或者使用「請幫我接關於某某方面的負責人」這種說法。

5 關鍵在於提前收集對客戶有用的資訊

你的銷售對象見過的銷售人員不計其數。想要在其中脫穎而出，首先要讓對方覺得你是一個「值得一見的人」，否則案子就無法推進，尤其是新客戶，甚至連見上一面的機會都沒有。那麼，究竟如何才能讓對方覺得自己「值得一見」呢？這稱為**銷售的「介入價值」**，如果你覺得自身銷售能力無法達到預期的情況時，這就是需要加強的重點。

你的介入價值，取決於你手上握有多少對客戶有用的資訊。那麼究竟該怎麼做呢？在這裡我將介紹收集客戶所需資訊的3個原則，以及幾個對客戶有用資訊的具體例子，尤其希望你能從這些例子中，找到有望收集到的幾項來做準備。

某些情況下，也許你無法獲得這些資訊，或是這些信息根本就「不存在」，然而這就是拉開你和其他人銷售能力差距的關鍵，所以請在平時就高高豎起你的天線，隨時做好收集這些情報的準備。

❶ 收集對客戶有用資訊的3原則

1. 對客戶抱持關心

2. 手握有益的資訊來源
3. 有自己擅長的領域

❷ 有用資訊的具體例子

1. 幫客戶解決「困難」的方案
2. 可為現有問題、難處找出解決方向的情報
3. 同行業其他公司的先進案例
4. 法律法規對策
5. 近期流行趨勢
6. 最新案例
7. 行業熱點新聞　　等等

6 可用於銷售話術的揭示自家優勢的4個觀點

銷售人員都希望用最能打動對方的方式，表達自家產品或服務的魅力，其中最有用的方

法，就是向對方講述你的產品在解決他們的難題和問題時「會產生多大的幫助」。

在STEP1的容易受挫的情境中，最初我舉出了「對產品的知識有限，無法妥善介紹產品」的現象，然而事實上，即便你對商品瞭若指掌，也未必能夠完美地介紹；話又說回來，「介紹」這種溝通方式，未必能引起對方的興趣和重視。

因此，**請記住這個事實：一開始就從自家商品「如何有用」著手推銷的人，立案機率和成交率都會更高。**

在清楚這一點後，具體應該如何推銷自家的產品呢？這裡有一套理論，讓我來為你介紹，那就是行銷組合的「4P」框架理論。

❶ 4P

這是市場行銷中極具代表性的概念，由**Product（產品、服務）**、**Price（價格）**、**Place（通路等）**、**Promotion（促銷等）**4個詞的開頭字母而來。

這套理論經常用來規劃針對目標市場應該採取何種行銷措施，同時也被用來做競爭分析。只需稍微補強一下這個框架，它就會搖身一變為生產犀利銷售話術的工具。接著就要介紹這項技巧。

光憑一個「Product」概念，也許你不知道該如何做，那麼我們可以從「產品有何優勢和特性」、「從這些優勢和特性中客戶可以獲得什麼利益（好處）」作為切入點，來將話題切換到銷售談話。

由於保密協議的限制，我無法在此提供一般性例子，所以我將在下一頁的圖中用虛構的產品來講解，請務必掌握其要領，試著運用在你負責的產品、服務或方案。

❷ 擬定銷售談話內容的注意事項

我在銷售培訓和做銷售顧問時，經常聽到有人說「自家產品沒有什麼特別的長處」、「找不出自家產品的優勢」。肯定也有人看到我舉的事例後，會反射性地想「我家產品要是有這麼明確的優勢，我還何必這麼辛苦」。**其實很多時候，客戶就是被你認為微不足道的地方所吸引**。簡而言之，有太多的銷售人員未能發現自家商品的厲害與吸引人之處。從這層意義上來看，我們用「小題大做」般的誇張表達反倒是恰到好處的。

發現自家產品優勢的靈感就在你目前的生意夥伴身上。例如將前文提及的60中的「**為何購買**」改為「**為何從敝司購買**」，並詢問現有的客戶，勢必可以由此發現之前一直被你忽視的「長處」和「優異之處」。

下購買決定的人是客戶。因此聽取實際購買產品的客戶心聲，並將其運用在銷售談話中是

〈凸顯自家公司長處的4個觀點〉

商品	銷售業務自動化工具「Sapuris123」

① **Product**

➡ 有什麼長處和特性

- 從工作日報到輸入案件進度，每天只需要5分鐘
- AI會依據每個案件提示多個「下一招」
- 智慧型手機語音輸入精準度超群
- 可輕鬆與現有的銷售管理系統相容

➡ 客戶可透過這些長處與特性獲得的好處（利益）

- 不必依靠銷售管理人員的能力，即可提高成交率
- AI會學習吸收成功與失敗案例過程，運用於下一個案件
- 銷售人員、銷售管理人員的SFA輸入時間可縮短75%

② **Price**

➡ 何種價格策略

- 市場龍頭SFA的約8成價格
- 每月付費制購買使用權

③ **Place**

➡ 何種通路戰略‧庫存戰略

- 代理點銷售＋網路銷售
- 部分直銷

④ **Promotion**

➡ 何種促銷措施

- 與有影響力的公司合作研究
- 用戶線上培訓（頻繁）
- 解決方案研討會（頻繁）
- 網路宣傳
- 在出版物、商業雜誌宣傳

能夠證明其中幾項優勢的案例

- 大型企業：銷售業界的意見領袖N公司、R公司、I公司的引進案例
- 中小型企業：不同行業的引進、運用案例

最好的方法。

7 客戶分析表

現在，請將本章「接觸準備」中解說的項目和內容總結在一張表上，進行客戶分析，並製作你的銷售藍圖。

這裡我要介紹的是在銷售顧問和銷售培訓中所使用的「I－18」工作表。當然，**我所介紹的表格形式只是一個「基本框架」，請依據各行業和不同公司的情況加以改良成更方便使用的版本**（參見第113頁）。

「I－18」這個名稱來自18條訊息（Information）之意。我在MBA留學時初次創建了這個工作表，那個時候它還只有17條訊息，於是我用以前常行駛的高速公路名稱「I－17」（Interstates）命名。當時是為了防止被抄襲，才選擇了這個名稱，設下一層保護。後來，為了更廣泛運用，我將它們重新改組成了18種情報，才變成今天的「I－18」。

在用法上，我建議可以在針對單一客戶、大型客戶、地區重點客戶擬定銷售計劃、客戶行銷計劃之前，使用這個工作表。

因為這屬於接觸客戶前的準備工作，你可以先寫上已知的、可推測的部分，未知的部分則先空白，在銷售業務開始後，在商談、傾聽以及訊息收集過程中加以補足。

PEST

創建這份工作表格的時候，是從表現外在環境變化的ＰＥＳＴ分析開始。此處的訣竅是以「**①外在環境的最新變化帶來的機會與威脅**」為切入點，這麼做會讓此份表格更適合於銷售業務中使用。在撰寫時也請注意，這裡要填入的是對客戶的分析，而不是自家公司。

3C

②③④是市場行銷領域所說的「３Ｃ」概念，是針對自家公司（Company）、客戶（Customer）、競爭對手（Competitor）的分析。經常有人問我只給了「３Ｃ」的概念，也不知道該怎麼將它運用到銷售業務中，所以請將概念調整為左邊列出的幾項切入點來運用。

② **客戶的企業文化和特性**

具體來說，諸如：公司風氣保守、喜歡嘗試新事物、老闆專斷獨裁、積極將業務委外……等。

③ **客戶的競爭對手是誰？**

此處至少要列出3個明確的競爭對手。

④ **客戶與對手的競爭重點？**

這部分請如字面意義，簡明扼要地寫下客戶與③所提到的競爭對手的競爭內容。

客戶的興趣、關心的事、困境與難題

我刻意列舉了一些相似的切入點，這是為了盡可能創造更多銷售業務上的突破口。

⑤ **興趣、關心的事**

請推測客戶當前對什麼感興趣、關心什麼，盡可能列出愈多愈好，找出該從何推銷自家的產品。

⑥ **困境**

與興趣、關心的事相比，通常人們對於想解決「困難」的意識與優先度都會更高，因此這將是進行銷售時最關鍵的要點。

⑦ 公司的顯在問題和潛在問題

這個切入點的訣竅是將問題分為2種：已被認知為問題的顯在問題，以及若有似無，隱隱有所感覺的潛在問題。

益處

我將這一點定義為「客戶透過這項商品可獲得的好處」，不妨針對前文所提到的興趣、關心的事、困境、企業的顯在問題和潛在問題，從「自家公司可能幫得上忙的地方」出發。只要明確知道這些，你就能編排出一套觀點犀利、打動客戶的銷售談話。

⑧ 自家公司可能幫得上忙的地方

這裡之所以寫成「可能幫得上忙的地方」而不是「能幫上忙」，是因為如果限定在後者，客戶有可能用「你幫不上忙」來一口回絕，談話便就此中斷。用「可能幫得上忙」的說法，可能性更加廣泛，因此在接觸準備的這一階段，這種說法更為適合。

客戶與你

這項切入點的用意在於我希望大家可以拓寬視野來看待自己與客戶之間的關係性。

⑨ 客戶對你的期待是什麼？

在接觸準備階段，只能用假設來想這個問題，先暫時用推測的，等實際進入商談後，再逐步修正為正確的資訊。如果能夠一針見血地提出符合客戶期待的方案，成交機率勢必會大大提高。反之，若你的方案偏離了客戶的期待，那麼即使方案的內容再優秀，也無法獲得客戶的青睞，不可不慎。

這裡的【顯在面】是指已經對外公開過、或客戶說過的內容，反之【潛在面】則是從零星的訊息或其他公司的情況所推測出的內容。

產品的長處（競爭優勢）

這是銷售談話的核心部分。

⑩ 強項（是什麼、在哪裡、有多強）

將「強項」、「競爭優勢」等行銷和戰略理論用語，再加以分解為「是什麼、在哪裡、有多強」，將更能幫助你將優勢強項落實於商談的場合和企劃資料中。

⑪ 提案與銷售的「切入點」

此為銷售的樞紐，針對客戶的難題、困境與期待，該從哪個「切入點」來凸顯自家商品的長處？這可是關鍵所在。也就是說，這是貫穿整場銷售談話的核心支柱。開發新客戶時，能否成功約訪到客戶，便取決於這項「切入點」，即便是現有的客戶，你的商談能否有進展，也端看這步棋下得好與壞。

⑫ 常見的消極、冷漠的反應

即使本著⑪的要領來與客戶進行銷售談話，仍然經常會遇到諸如「我很忙」、「你們公司太貴」等消極對待銷售業務的情況，或者乾脆丟下一句「不感興趣」的冷漠反應。

先進們留下了「銷售是從吃閉門羹開始的」這樣一句名言，是因為由此而成交的案例並不在少數。重點在於當遇到客戶消極或冷漠的回應時，你是否有準備好回應的內容和策略來挽回局面。設置這個項目便是要透過收集常見的消極、冷漠反應，來幫助你做好準備。

登場人物及其他

當案子規模愈大，這一項目的充實與否愈會影響成交率。找到關鍵人物很重要，而當你面臨更大規模的案子，也將需要更加詳盡的資訊。

在接觸準備階段雖說仍有許多資訊尚不明朗，而我在這個階段就分享這些，是因為它們將是商談進行中不可或缺的訊息，所以希望你在準備階段就有清楚的認知。

⑬ 誰是關鍵人物？

儘管在接觸準備階段，還有許多資訊尚不明朗，但是可參考一些前例暫時做出假設，待商談開始後慢慢修正。

⑭ 關鍵人物的決策標準

確定了關鍵人物以後，下一步就要掌握該關鍵人物的決策標準。當然，影響決策的可能並非單一標準，而是對功能特性、市場反應、應對效率、交情深淺、價格等要素的綜合考量，我們要做的就是掌握這些要素的優先級別和比重。

⑮ 誰是你的支持者？

在有多家競爭和競價投標時，很重要的是分辨出站在己方的支持者，與對方密切交換資訊，並一起推進這個案子。

⑯ 哪些人有可能阻礙你？

反之，也需要找出哪些人會支持對手公司，並且有可能阻礙你推進此案，並研擬對策。

⑰ 決策的流程是？

表中有用戶部門、比對分析部門、採購部門的負責人、課長階級、部長階級、幹部階級等

12名登場人物，但依據案件規模和不同公司，採取的決策流程也不盡相同，因此要在這一項中辨別明白。

⑱ 登場人物有誰？

設置這一項是想要有個整體概念，了解對方會有什麼人參與進你的案子。此項會逐漸細分為⑮⑯⑰3項，但首先讓我們從⑱縱觀整體。

8 銷售藍圖規劃表

製作「**銷售藍圖規劃表**」（參見第115頁）是**為了針對特定的重點客戶擬定銷售策略，對其展開PDCA循環**。此範例是針對一家重點客戶來記載，假如你負責了5家重點客戶，請製作5份藍圖。

此外，本書最後（第358、359頁）的「行動方案表」與這份藍圖規劃表的目的相同，但是一張表格即可對應多個目標用戶，請配合自家公司的銷售特性，選擇更符合自身情況的表格。擇定之後，各項記載項目也可以依自家公司的情況斟酌調整。

或者是如此區分也可以：專員銷售和面向大宗客戶銷售時使用此表單，相對地，在做產品銷售和地區銷售時，則使用本書最後的表單。

接下來，這張「銷售藍圖規劃表」的目的是將接觸準備階段，以及在商談中獲得的資訊**記錄進「客戶分析表」當中，並於徹底分析內容後，反映在銷售策略中**。有些公司也會使用「銷售計劃」、「銷售戰略」、「促銷計劃」等名稱，但目的都是一樣的。

從內容上來說，首先需在「客戶的興趣、關心的事、困境、難題」外，再加入客戶的全局戰略、中期經營計劃、趨勢、方向，並選擇有機會進行業務擴展的目標。

在此基礎上制定具體的行動計劃，此時的**重點在制定定性的行動計劃或目的，同時擬出定量的具體目標**。

並依此**連同效果一併預測**。在某些情況下也可以省略效果預測，但必須要有具體的行動時間表（此處分為上半期和下半期）。

另一方面，此表還有另一個價值——這張表單的精髓在於**除了能夠從「自家公司可提供的價值」的視角來審視，還可以提前預測在推展你的銷售藍圖時必須要解決的阻礙**。

比較聰明的辦法是將這些阻礙也用前面所提及的「3C」觀點來分為「客戶方面」、「自家公司方面」、「競爭對手方面」，以此強化成效。

■選擇的客戶【　　　　　　　　　　　　　　　】※大型公司可分部門填寫

■益處

⑧自家公司可能幫得上忙的地方
→符合客戶的興趣、關心的事，為其解決困境、難題 →客戶通過自家產品能得到什麼好處

■產品的強項（競爭優勢）

⑩強項（是什麼、在哪裡、有多強）
⑪提案與銷售的「切入點」
⑫常見的消極、冷漠的反應

■客戶與你

⑨客戶對你的期待是什麼？
→除了成本之外，可期待的部分在於？ 【顯在面】 【潛在面】

■登場人物及其他

⑬誰是關鍵人物？
⑭關鍵人物的決策標準
⑮誰是你的支持者？
⑯哪些人有可能阻礙你？
⑰決策的流程是？
⑱登場人物有誰？
→有什麼人參與進案子

〈客戶分析表（I-18）〉

■所屬部門／姓名 ____________________

■PEST

①外在環境的最新變化帶來的機會與威脅

→法規、經濟環境、社會動向、技術革新等因素帶來的變化

■3C

②客戶的企業文化和特性

→保守、喜歡新事物、老闆最大等等

③客戶的競爭對手是誰？

④客戶與對手的競爭重點？

■客戶的興趣、關心的事、困境、難題

⑤最近的興趣、關心的事

⑥困境

⑦公司的顯在問題和潛在問題

■選擇的客戶【　　　　　　　　　　　　　　　　　　】※大型公司可分部門填寫

■行動目標	■效果預測	■時程	
定量目標	由行動效果預測銷售金額	上半期	下半期
（例） →獲得幾件案子的新資訊 →訪問幾個新部門			

的阻礙

	自家公司方面
	競爭對手方面

〈銷售藍圖規劃表〉

■所屬部門／姓名

■客戶的興趣、關心的事、困境、難題	■業務擴展目標	■行動計劃（定性）
最近的興趣、關心的事 困境 公司的顯在問題和潛在問題	業務擴展的關鍵點：客戶難題、重視點	重點策略 →盡量具體寫出內容、方法（行動目標） 該行動的目的（目的）

■客戶的策略、中期經營計劃、趨勢、方向等	■自家公司可提供的價值	■推展銷售藍圖時必須排除
客戶的發展目標是？	自家公司可能對客戶有所助益的產品或服務 →可能令客戶獲益的產品或服務 自家公司的長處、競爭優勢	客戶方面

※如果針對1家客戶，請使用第114、115頁的表格；如果是多家客戶，請使用第358、359頁的表格。

另外，**掃描左側QR碼即可下載「客戶分析表（I－18）」和「銷售藍圖規劃表」的橫向加大版**，請依據自身所需來影印使用。

客戶分析表（I－18）

銷售藍圖規劃表

第3章

有效接觸與「成效立見」的方法

STEP 1

易挫敗情境之快問快答

～給有苦難言的銷售人員一些建議～

1 無法獲得新客戶的案子

簡答

首先，與新客戶成交的難度是與現有客戶無法相提並論的。

如果用數字來表達這項難度的差距，一般認為**開發新客戶業務比現有客戶業務要難5到10倍**。

在日本經濟成長期，許多企業會把開發新客戶交給新人去做，而在低成長期的現今，如果把開發新客戶的工作交給新人，反倒成效不彰，進而讓新人失去動力，導致辭職者層出不窮。所以現在愈來愈多的企業選擇將開拓新業務的工作交給銷售能力最好的部長、經理，以及擅長拓展客源的資深員工。

更進一步說，導致無法獲得新客戶青睞的因素不會只有一個，很多情況下，這種狀況的成因相當複雜。

例如可能存在準備不充分、計劃不周全、策略不完善等因素，也可能是因為分出很多精力推動現有案子，而無暇著手新案子。

又或者，有些銷售人員雖然在開拓新業務上耗費了大部分時間，卻總是在反覆介紹自家公司的產品，非但沒能明確提出解決對方的「困境」和「難題」的方案，更因為沒有徹底傾聽客戶的需求，導致案子付諸流水，這種情況也屢見不鮮。

這裡提供一種特效藥專門針對這些不擅長開發新案子的人，就是先讓自己具備「For you意識」。

「For you意識」是一種「為了對方」、「為了某某部長」、「為了對方的公司」的思維。這樣一來，介紹產品時就不會老是從自己、自家公司立場出發，而是嘗試向對方提供一些有用訊息。

想要自然而然地抱有這種態度，關鍵在於「同理心」意識，過去在瑞可利，我們一向就是教導新人**「銷售必須要有同理心」**。

也就是說，銷售應建立在「接收」和「發送」情感及訊息上，此論點傳遞出的事實即是：

如果只是單方面地發送介紹產品的訊息，這專案成立的機率便很低。

正因為有了「同理心」，我們才能更貼近對方的立場，找出客戶的「困難」和「不盡完善」的地方，這些地方就是銷售業務中的絕佳標的。

2 無法進行第2次拜訪

簡答

這是很多銷售人員的煩惱來源，也就是雖然拜訪了客戶，卻也止步於此，無法創造第2次拜訪的機會。

導致這種現象90%以上的原因都是由於初次拜訪的時候，未能充分引起客戶的「興趣與重視」。

能夠成功得到初次訪問的機會，意味著對方必然對你有著某種「興趣與重視」。而未能延續到第2次拜訪，是因為你沒有滿足對方的期望，或者在對方眼中，你的優先級別不再那麼高了。

要解決無法獲得第2次拜訪機會的這個問題，鐵則就是**在初次拜訪時留下功課，並當場決**

定第2次拜訪的時間。

為此，我們必須在初次拜訪時就做好萬全準備，想好「下一招」——想辦法將對方的興趣、重視度升到最高，讓客戶進一步考慮「引進該產品」。

這就是為什麼說「**準備的工夫很重要**」。我們可以透過第2章（第112～115頁）中提及的客戶分析表（I-18）、銷售藍圖規劃表推測「下一招」，來實際提升對方的興趣與重視度，以及將客戶的情緒提高至「想引進這些產品」的階段，這時初次拜訪的階段性任務便算完成了。

3 無法再次約訪情報收集類型客戶

簡答

從表面來看，這個問題與「2　無法進行第2次拜訪」相同，都是無法成功進行第2次拜訪，但其背景略有不同。當然，那些為了收集情報而見你的客戶，原本就充滿了不確定因素，但如果在再次約訪階段就遭到了拒絕，有可能是因為對方已經放棄你，認為你是「不值得再見面的銷售人員」。

一般來說，**正因為情報收集類型的客戶有十分明確的目的，也就是「收集情報」，所以很容易約訪成功**。

只要你握有新的、有用的情報，理論上，你想約訪幾次都能成功。

如果你約不到客戶，極有可能是他已經將你判定為「見過一次面，但手上沒什麼有用的情報」的人。

我們銷售人員所接觸的對象，每天都會與很多銷售人員碰面，他們自然而然地會對各家公司的銷售人員進行評價排行。排行時的標準就是「能否給自己和公司帶來有用的情報」。如果銷售人員沒什麼有用的情報，和他進行商談就是浪費時間，因此客戶理所當然地會篩選想見的銷售人員。

要能夠經常性地被客戶選中，講明白了，就是**準備好「對方或許用得上的情報」**。這個步驟的精妙之處，在於不需要準備「真正有用」的情報，只需要「貌似有用」這種程度的就可以了。

關鍵是數量。「有用的情報」或許本來就寥寥可數，所以你可以將難度降低到「貌似有用」的水準，如此一來，你的候補清單就瞬間增加了。也許你提供的情報某些有幫助，某些沒有幫助，但確實會讓對方對你留下「**總是會帶來很多情報的人**」的印象。

STEP 2

接觸篇

「卓越銷售力」培養講座

1 銷售過程中最有效的客戶接觸方法（電話約訪、電子郵件、引薦、信函、廣告傳單）是什麼？

❶ 電話約訪

電話約訪是從日本昭和時期就在使用的代表性接觸方法，即透過打電話的方式約訪客戶。使用這種方式來開發新客戶時，打100通電話能約到3個客戶就已經算是優秀了。反之，使用這種方法，被掛電話、惡言相向才是家常便飯，因此相當打擊銷售人員的工作動力。

有鑒於此，各家公司都在想方設法改進，例如將電話約訪業務外包給專業公司，或者讓內部銷售（參見第70頁）部門發揮這項功能等。

電話約訪的成效，很大程度上取決於是否有相關知識竅門支撐，我會在「STEP3」另行詳盡說明。

最近恰逢新冠肺炎疫情延燒，對電話約訪業務帶來了翻天覆地的變化。

簡言之，以日本為例，當你向首都圈的公司致電時，**由於關鍵人物大多都在遠距辦公，能夠與他們搭上話的機率直接砍半**。

另一方面，能夠由手機聯繫上的機率卻翻了一倍，所以**知道客戶關鍵人物手機號碼的銷售人員擁有當仁不讓的優勢**，僅靠傳統的電話約訪法，很難有所成效。

❷ 引薦

無論過去還是現在，引薦銷售都是最強的客戶接觸方法。由於這種方式有介紹人的信用作保，便可「借他人的威風」來接觸新客戶。

瑞可利的關聯公司曾經將運用「引薦式銷售」成功提升了績效的人和未提升的人進行比較，兩者之間唯一的區別就是前者會「拜託別人介紹」。

要做的事，就只是去拜託一個可以幫忙介紹的人引薦自己。或許有些人會覺得「強迫別人介紹有損人際關係」或者「纏著人不放會惹人厭」。

但是，既然**「引薦與否的決定權在對方手上」，先找幾個有望幫助你的人試著拜託一下**又有何妨。

這時候你的「問法」就很重要。例如「客戶愈多也會有數量折扣，所以想請您幫忙介紹其他設計部門，不知道哪個部門還有可能使用我們的產品？」這種帶有商務意味的諮詢，對方也不會感到太大負擔才是。

如果你對拜託人引薦猶豫不決，那就更要仔細揣摩「該怎麼問」。

③ 研討會、線上研討會

一直以來，不僅ＩＴ產業、顧問行業，還有許多行業都為了吸引潛在客戶（領頭羊），策劃各式各樣的研討會。

尤其是在這次的新冠肺炎疫情中，網路研討會等各種線上研討會已是稀鬆平常，由於它的便利性，得以讓參加者愈來愈多。

舉辦研討會和線上研討會的優點包括了可吸引對商品感興趣的潛在客戶（領頭羊），還可以獲取參加者的資料和屬性類別，並且得以詳盡周到地解說產品或解決方案的功能特點和長處，是一種非常有效的接觸手法。

正因如此，你的競爭對手也會舉辦類似的研討會，所以在策劃研討會時，研討會的標題就會成為吸客關鍵。說標題比內容更重要也是有些奇怪，不過，即便你的內容多麼精彩，如果標題平淡無奇，沒辦法讓人眼前一亮，在吸引客戶這方面將會吃盡苦頭。

取標題時，可以參考暢銷商業書籍和商業雜誌的文章標題，擬定出合時宜、具魅力的標題。

④ 展覽會

在這裡也有可一次會見各相關人士的機會，而且會場一般都設有商談場地，**是開發新客戶的絕佳機會**。此外，除了來場參觀者以外，參展公司之間也經常會發展出生意方面的合作。

為了使展覽會化身為有效的接觸機會，在安排展位的主要展品、展示形式和風格以前，我希望你先**確定該場展覽會的目的和KPI**。

這裡說的KPI，指的是**訂立接觸客戶數、獲取名片數、商談次數、案件數、成交數以及成交金額的目標**。請在設定KPI之後，再決定應該主打哪項產品以及展示的方向。

至今為止，我曾在政府的中小企業輔助局、東京都、大阪府、名古屋市、橫濱市等為參展公司做過演講以及擔任培訓講師，要提高展覽會的成效，除了在展會當天花費心思外，**事先制定包括展會前後的促銷計劃**更是關鍵。

具體來說，要**提前鎖定現有合作以及想新接觸的目標企業、事前發送與告知邀請函事宜、**

邀請函送達後致電、展示會2～3天前致電提醒、決定接待負責人、結束2～3天後致電答謝以及後續跟進措施等一系列計劃。

⑤ 網站、社群平台等數位行銷

進入全面DX（數位轉型）時代，我們可以透過網站和社群平台發布訊息，來吸引對其響應或前來諮詢的潛在客戶（領頭羊），並通過後續跟進來培養客戶、進行商談、進而成交——數位行銷的成效已經發展到了無法忽視的水準。

不過，數位行銷的困難點在於即使你成功做了SEO（搜尋引擎最佳化），成為該領域關鍵字搜尋的第一名，也未必可以獲得多好的轉換（衡量頁面訪問者採取了多少行動的指標）結果。受這場新冠肺炎疫情影響，遠距辦公增加，據說許多公司在網路上收集訊息的行為更加活絡，透過網站諮詢的件數也增加了。另一方面，專案規模則是明顯縮小，原本面向法人的網頁卻增加了許多個人訪問者的情況也頻繁發生。

⑥ 信件

這種方式可能看似老氣，但就算在現在，信件依然是相當優秀的接觸途徑。**對素未謀面的人，信件自然也遠比電話、電子郵件或廣告傳單來得更有效果。**

至於信件的寫法，首先由簡短的問候、自我介紹、對來信唐突致歉並說明原因開頭，再依序寫出對對方公司感興趣的原因、這封信件的目的（提供對對方或許有用的訊息、詢問可否幫上忙、表明希望和對方交換資訊的意願）、下次將致電約訪、結尾、補充說明等內容。理論上，**最想傳達的重點應寫在補充說明中**。

此外，為了防止精心寫好的信件被對方拆都不拆就直接扔掉，我們可以使用高檔一些的信封，使其看起來像是私人信件；不使用公司行號常用的郵資另付的方式，而使用黏貼型的郵票，或黏貼多枚郵票等方式，來表現一種非常規的感覺。

收件人最好手寫，信件本身也最好是手寫，但是由於我的字非常難看，所以我一般會用電腦來打信件正文，加上親筆署名。

⑦ 電子郵件、廣告傳單

針對休眠客戶和曾經來諮詢過的潛在客戶，透過電子郵件和廣告傳單定期發送一些信息，每年進行數次接觸，來維持客戶聯繫的新鮮度是比較理想的。將一整年的接觸成效計算下來，這種方式會有一定機率可以獲得訂單，當中也包括一些待時機成熟，便會翻身成為大宗交易的情況。

初次寄發廣告傳單時的呈現方式很重要，可以在裡面放入樣品、放上樣品的視覺圖，或是使用無需拆封的大張明信片等。**大部分人對廣告傳單都是看一眼就扔掉**，因此必須思考**如何讓人們一眼就覺得與眾不同，避免直接被扔掉**。

所以，用一句話或是視覺外觀加一句話來表達重點，令人只要看一眼就明白你「想傳達什麼」。

❽ 複合式接觸

到這裡我們已經介紹過電話約訪、引薦、研討會、展覽會、數位行銷、信件、電子郵件、廣告傳單等方式，其中除了電話約訪和引薦之外，單用其他方法的成效偏低，不過若將它們彼此結合運用，可發展至商談的情況並不少見。

具體來說，就是**制定並推動一連串客戶接觸，衡量其效果**。例如信件＋電話約訪、線上研討會邀請傳單寄發前的通知電話＋傳單＋傳單發送後的送達確認電話＋致電介紹研討會內容、連續3個月每月發送傳單＋致電跟進＋連續3個月每月發送傳單＋致電跟進等。在僅嘗試單一方法就得出「廣告傳單沒有效果」的結論而放棄前，試試看與其他方法組合，進行複合式接觸吧。

2 別忘了交叉銷售、向上銷售

隨著LTV（終身價值）概念的普及，作為提高客戶單價的措施，交叉銷售和向上銷售這2個術語也逐漸用於一般銷售場面。

它們最一開始是在IT產業的Saas型產品以及訂閱型產品中使用的概念。

交叉銷售是一種周邊銷售，指的是接到電梯或業務用空調機的生意後，向客戶推銷保固服務的行為。更為大眾所熟悉的另一種叫法應該是「橫向擴展」。

向上銷售則顧名思義，是讓客戶對目前使用的產品或服務進行升級。

之前提到了開發新客戶比向現有客戶推銷難上5到10倍，策略顧問巨頭之一的貝恩策略顧問公司的瑞克赫爾德則是說過「**獲得新客戶的成本是維持現有客戶成本的5倍**」，他倡導的「1：5規則」從成本面強調了從現有客戶身上提高客戶單價的有效性。

也就是說，無論是從難度還是從成本面來看，都應該以將現有客戶的成交量最大化為優先，因此以交叉銷售和向上銷售為目的的顧客接觸，才是應該放在首位來徹底推行的。

STEP 3

專題講座

電話約訪的祕訣

1 給不擅長電話約訪的人的建議

我想，應該大部分銷售人員都不擅長電話約訪吧。即便有人聲稱自己擅長「電話約訪」，但有時候認為自己不擅長的人的約訪成功率和銷售業績反而更高，所以擅長還是不擅長，其實並沒有什麼意義。

關於電話約訪，我十分理解大家想用擅長／不擅長、喜歡／討厭來判斷的心情，然而**實際上，擁有多少提高約訪成功率的方法、話術、銷售談話技巧、回話技巧，才是提高約訪成效的因素**。

從這層意義上說，這與運動或學習完全相同，任何人都可以達到平均水準。

而且，電話約訪的成效可以從通話次數和成功件數來判定，因此很容易判斷出方法的好壞，並且容易找出改進的空間。

那些覺得自己不擅長電話約訪的人，若用運動來比喻，極有可能就是那種打球姿勢太過具有獨創性，或者根本不標準的人，所以可以先從正確的姿勢，也就是學會提高成效的方法開始。

坦白說，沒有人會喜歡打電話約訪這件事。我們做這件事不過因為這是工作。但是，如果你一直不情不願的，就無法進入狀態，也不會湧現動力。所以才要趕緊約到一個又一個客戶，早日從電話約訪業務中解放。我將在這裡與你分享成功的方法。只要見到成效，那種想迴避的感覺也就不再那麼強烈，動機也會自然而然地湧現。

❶ 突破第一關的邏輯和方法

約訪新客戶時，一般會打到公司代表專線，或者在網路上搜尋關鍵人物的部門，查到部門的專線號碼後直接致電，無論用哪種方法，最初接起電話的人都會是公司總機或部門總機。

這些公司或部門總機，我們稱為守門者，電話約訪就從突破他們開始。

因為推銷電話會打斷員工們的工作，為了減少不必要的打擾，各公司都會在總機處進行篩選。

有些公司甚至會有接電話時的對應手冊，比如若接到「某某公司／某某行業」的電話，就

〈決定電話約訪成敗的要素與權重1〉

突破守門者

A ＝0.15×知名度＋0.2×口碑、形象＋0.25×訴求＋0.3×說話方式＋0.1×其他

銷售談話

A＞0.5即可突破

＊突破守門者最大的重點在於「說話方式」，其權重為30%，其次為這通電話想「訴求」的內容，權重為25%。

用「他出去了」、「他在開會」等說法委婉拒絕。

很多總機會先切到通話等待，向關鍵人物請示是否要接聽，所以你會需要擬定相應的銷售談話來應付這種情況。

能否突破守門者的決定因素如上圖所示，如果各個因素與權重係數的乘積總和超過0．5，便可判定能夠突破守門者。也就是說，雖然銷售人員無法改變公司的知名度、口碑、形象，但是通過調整訴求內容和說法，任何人都可以使這項數值超過0．5。

最簡單的方法就是在傳達內容時，不要從己方立場來「介紹產品」，而是站在對方立場來商議「貴公司的某某事」。還要放慢說話速度，用殷勤懇切的態度，不要使用業務員特有的那種老練說話方式，對方就會放下警惕，更容易突破。

❷ 如何讓關鍵人物想「見你一面」

突破守門者這一步驟，多做幾次就會熟能生巧，變得容易許多，但你的問題是如何約訪到關鍵人物。決定約訪成敗的因素與權重和突破守門者時截然不同，比起知名度和形象，更重要的是致電的時機。

此處說的時機有2層意思。首先，**致電的時機不能是在對方開會、外出、忙碌的時候，並且最好是在對方心情較為放鬆、有餘力的時候**。一般來說黃金時間在16點左右。

例如週一的早上，很多公司的管理層都會先查看郵件、回顧上週工作、對下屬下達指令、查看本週行程等，貌似是事務最繁多的一個時間段。一般都會認為，如果在人家忙得不可開交的時候致電，肯定會遭人詬病「怎麼在這麼忙的時候打推銷電話啊……就說我在開會，掛掉吧……」，但**其實週一早上是相對容易約到客戶的時段**。

當然這時段有很多事情要處理，但是他們在自己辦公位置上的機率，高得足以彌補你的擔心。也就是說，這時間對方常常還沒有外出，也還沒開始開會，而是在自己的座位上工作。

因此，我們可以專門鎖定這個時間，拋出對方會感興趣、重視的主題，即可順利約訪到關鍵人物。

在合適的時間點提出客戶會感興趣的主題，這就是時機的第2個意思——「客戶正想聽這件事」。掌握住這個時機，再遵循與突破守門者時同樣的概念：你的談話內容必須能讓對方似

〈決定電話約訪成敗的要素與權重2〉

取得約訪

A＝0.05×知名度＋0.05×口碑、形象＋0.2×時機

＋0.25×訴求＋0.2×啟發＋0.15×說話方式

＋0.1×其他

銷售談話

・產品及服務的益處
・可能有用的資訊
・關鍵詞

A＞0.7即可突破

＊突破約訪關鍵人物這一關的最大重點在於「訴求」，其權重為25%，其次為「啟發（見面後會得到某些靈感和好處的預感）」和「時機」並列，權重為20%。

乎若有啟發，帶來一些靈感。

例如用「關於貴公司想引進線上新人培訓一事」、「關於貴公司縮短業務管理帳簿填寫時間一事」等說法，從對方角度出發來說明致電的目的和內容，讓對方無法用「我沒興趣」一口回絕。僅此一項，就可顯著提高你的約訪成功率才是。

❸客戶遠距辦公，不在公司——怎麼辦？

因這場新冠肺炎疫情延燒，遠距辦公愈來愈普及，我們經常會遇到關鍵人物因為遠距辦公而不在公司，電話無法轉接到本人手上的情況。

遇到這種情況時，一定要在電話中詢問他下次來公司的日期，並在那時再次致電。

萬一接電話的人也不知道關鍵人物下次什麼

時候會來公司，那麼我們就每天堅持致電，直到找到該關鍵人物。

我們也可以不抱希望地拜託對方回電話，或者若有締造高成交額的可能，那麼也可以使用前述的信件策略。

2 給約訪成功率低迷的人一點建議

約訪成功率低迷不振的人有一個共通處，那就是總是重複使用同樣的方法。如果不作出一些改變——例如音量、情緒、銷售話術、停頓時間、說話節奏、措辭和致電時間等，成功率是不會提高的。

最快的改善方法，就是找到你身邊最擅長電話約訪的銷售前輩，將他所說的內容錄音或拍攝下來，完美複製，並用演獨角戲（一個人的角色扮演）的方式徹底練習，直到可以自然地說出同樣的內容。

然後，在與那位前輩相同的時間段，用相同的方法嘗試看看。如果你總是在對方幾乎不在的時間段、用自賣自誇的單方面推銷話術、重複尷尬生硬的電話約訪過程，永遠不會有成功的一天。

理想的電話約訪充其量是一種自然的交流。「普通」勝過一切。我在第140～141頁分享了一個有效的談話腳本，請將內容改編、置換成你的產品來練習。

請注意標記「／」的部分為換氣的停頓點，試著在該處讓語氣停頓，不疾不徐地說話。

3 給不知該如何回應「現在不作考慮」的人一點建議

這是個很常見的情況，或者說也是最難處理的情況之一。如果說「現在不作考慮」的人是最終決策者也就罷了，但如果是部長級別或者課長級別的人，他們現在不考慮的事，有時候只需最高領導或負責人的一聲令下，就會立刻轉為當務之急。**也就是說，有些是屬於不顯於外的潛在問題，因此不需要把「現在不作考慮」這句話當真，應該要問清楚此話背後的原因。**

例如下面這則對話：

客戶：「現在還不作考慮。」

你：「是這樣啊。的確很多客戶都會這樣說，那麼，目前在酒井部長您看來，銷售部門目前應優先解決的問題是什麼呢……？」

像這樣先將話題轉移，打聽相關訊息。與對方坦誠交流的同時，努力尋找對方的問題與自家產品的相交點。

進行這項交流的目的是為了誘使對方「有所發現」，所以我們可以等待對方說出類似「內部報告資料太多了，影響我拜訪客戶」、「輸入一大堆SFA也無法幫助提高成交率，不知道有什麼意義」、「管理層沒有時間看所有下屬輸入的內容」等發言，或是用其他公司的事例來拋磚引玉，關鍵在於促進對方意識到自己實際面對的問題，由此展開對話。

這個對話持續得愈長，就愈容易順其自然地讓對方說出「電話裡說也不方便，不如見面互相聊聊吧」。

4 電話約訪容易受挫的5種情況以及應對方法

❶「我很忙」

雖然無法判斷對方是真的很忙還是婉拒的藉口，但客戶的「我現在很忙……（沒有時間見面）」這種反應實在不少。

此時你可以說「不會花太多時間的」或者「給我5分鐘時間就好」來降低門檻，但**更聰明**

OK

拒絕

很抱歉在您忙碌的時候打擾。／我是某某系統的大塚，您好。／
我今天致電，是為了／提高貴公司銷售成功率和／客戶成交率，想向您介紹一套可以語音輸入的銷售管理系統。／
這套系統主要可透過智慧型手機的語音輸入，／來完成銷售日報和專案管理，是一套便捷有效的解決方案，／請問貴公司目前／
在輸入銷售帳簿資料和／給予下屬指導、意見回饋方面／有耗費過多時間的問題嗎？（誘使對方開口）／
我手邊有更詳盡的資料和實際案例，／同時也想與您互相交流資訊，希望能夠與您見面詳談，／
（希望可用線上方式為您介紹，）請問下週前半或後半的時間……

接觸關鍵人物

那麼／請容我稍候再度致電，／請問酒井部長大約幾點回來呢？
【問清楚可聯繫到負責人的時間（同時確認負責人、相關人員名字、專線）】
感謝您百忙之中賜教。／我稍候再致電。

〈設計接觸談話〉

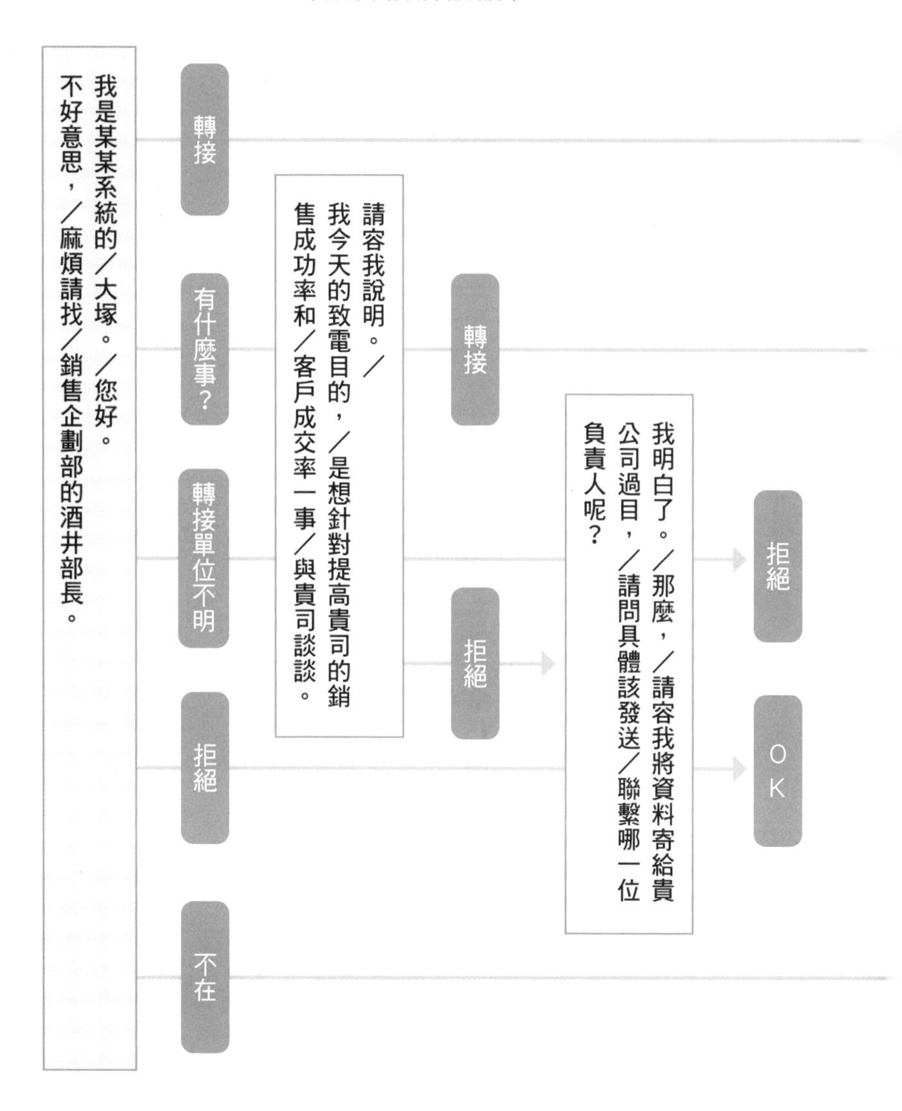
我是某某系統的／大塚。／您好。
不好意思，／麻煩請找／銷售企劃部的酒井部長。
轉接
有什麼事？
轉接單位不明
拒絕
不在
請容我說明。／
我今天的致電目的，／是想針對提高貴司的銷
售成功率和／客戶成交率一事／與貴司談談。
轉接
拒絕
我明白了。／那麼，／請容我將資料寄給貴
公司過目，／請問具體該發送／聯繫哪一位
負責人呢？
拒絕
OK

的辦法是讓對方說出什麼時候有時間見你，比如用一種很抱歉的語氣說：「真的很抱歉在您忙碌的時候致電給您……。請問您大概什麼時候會有空檔……」

如果得到「長假結束後」或「股東大會後」這類的回答，就可在那時再次接觸客戶：「我是某某系統的大塚，2個月前曾經致電給您，您說股東大會後有一些空檔，所以便冒昧再次打給您……」

由於有了「長假結束後」、「股東大會後」這樣的言證，約訪成功的機率並不低。當然，還是有1成到2成的人會說「現在還是很忙」，這種情形如果重複3次以上，就很有可能是對方「拒絕」的藉口，可以嘗試換一個窗口。

❷「發資料過來吧」

類似「可以先寄資料來看看嗎」或者「先寄資料過來，我們若有興趣就會主動聯繫」這種回應，從30年前、20年前開始就是慣用句，最近聽到的比例也確實愈來愈高了。

毋庸置疑地，這是因為最近大家的人均工作量持續上升，沒有時間處理新洽談的案子，所以盡量限縮約訪人數。

而這句「先把資料寄給我們」，很顯然和「我非常有興趣聽你說說」不是在一個級別。

因此，乖乖把資料寄過去，也可能只是徒勞一場。這時候請先略帶歉意地表達見面談的必要性，並試著委婉地這麼說：

「是的，但由於相關資料為試作版……基於守密的角度，還是希望能帶著實際的產品登門拜訪，讓您親自操作體驗，您是否有哪一天方便抽出30分鐘來……」

如果這樣也沒用，那就只好先寄送資料，並務必要在資料送達的2～3天後再次致電，安排下一步面訪的時間。

如果資料可以從網站下載，我建議你在電話裡一直引導對方至下載結束為止。

因為與客戶的接觸程度愈頻繁、時間愈長，成功立案的機率就愈高。當然，如果對方在這過程中就表達出興趣，也可以在電話中直接展開銷售。

❸「本部門不負責該業務」

在開拓客源時，經常會遇到致電後對方並不負責該產品的相關業務，也不知道由哪個部門負責，而被「踢皮球」的情況。

不過，這種「踢皮球」的情況絕非壞事，我反而希望大家能夠積極看待。因為比起「直接掛電話」或者一句「不感興趣（掛斷）」，這種情況還有些發展成商務洽談和成交的空間。

如果對方說「你說的事情不是銷售企劃部，是人力資源開發部負責的」，一定要接著詢問「請問是人力資源部的哪位在負責呢？」問出負責人的姓名，並拜託對方透過內線協助轉接給負責人。

近期有愈來愈多公司基於內部規章，並不會對初次來電的人透露負責人姓名，不過我們還是要先問問看。

就算被「踢皮球」，電話在轉來轉去的過程中，最後總會找到主要負責的部門，堅持下去就對了。

❹「已經引進了」

這也可以看做是正向的回答。**已經引進類似產品，說明對方有相關需求，所以一定要問清楚對方是什麼時候引進的，並當場估算該產品汰舊換新的時機。**

如果是剛剛引進，那麼對方就不是你銷售的對象，**如果已經引進了4～5年，那麼有些產品可能就已經到了更換的評估期。**

此時可以說「那太好了。既然貴公司已經引進相關產品，想必是有想解決的問題，請務必試用我們的產品來比較一下，我相信您一定會感到驚訝」來約見客戶。

❺「不感興趣」

說實話，我想這應該是對方最真實的感受。然而在此情況下，最重要的是這句話「出自誰的口」。也許相關負責人或者課長級別的人不想增加自己的工作，所以會覺得「不感興趣」，而他們「不感興趣」的事情，到了部長級別、董事級別、老闆級別那裡，往往就變成「感興趣」了。

如果部長級別的人也「不感興趣」，的確就比較難辦。但是在新開發客戶時，請不要把相關負責人或課長級別的「不感興趣」當真，銷售對象一定要提升到部長級別。如果是300人以下規模的小公司，直接電訪老闆的難度，與其他級別也相差甚微。

第4章

任何人都能辦到！學習「成效立見」的商務洽談流程

STEP 1

易挫敗情境之快問快答

～給有苦難言的銷售人員一些建議～

1 不太會在洽談開始前閒聊，應該如何克服？

不擅長閒聊的人之中，最常見的現象就是「不知道該聊些什麼」。基本上聊任何話題都可以，所以有些人反而不知道該說些什麼，倒也無可厚非。不過，請放心，閒聊也是有理論可依據的，只要懂得這套理論，任何人都能閒聊得淋漓盡致，完全不用擔心。

閒聊的3大法則就是從「說對方感興趣的話題」、「問單純的問題」、「聊共通的話題」之中，選一個作為閒聊的主題。我會在「STEP2」中深入詳述。

閒聊的話題最好可以事先想好幾個主題，或者當天你可以仔細觀察離客戶公司最近的車站、如果是開車的話，就觀察停車場到會客室的這段路，將你看到任何變化當做閒聊的話題也有不錯的效果。

2 無法在談話過程裡自然而然地探聽情報

簡答

首先很重要的一點，是**列出一項清單，寫好必須探聽的事項，也就是客戶目前的狀況、難題、期望、理想的規格樣式、希望交貨的日期、成本預期、優先順序等**。

列出清單後，我們要用到的是「順便請教的技術」。**當談話過程中聊到了與該主旨相關的內容，就順便請教「那麼貴公司目前是……」、「提到這點，貴公司在這方面是……」，如此旁敲側擊**。

因此，首重的還是與客戶自然流暢地對話，並不時穿插探聽清單中的事項，未能在談話中提及的就放在最後，用「最後還有3點事項想和您確認……」這種說法，一口氣問清楚。用這種問話模式，就能在談話中不著痕跡地問出想要的資訊。

3 銷售談話無法打動客戶

只要你還在用「說明」方法和客戶溝通，就很難打動他們的心。**如果你的目的是想讓對方動心，就先講一個能讓對方有「共鳴」的故事，並且請留意：你要做的是「描繪」這個故事，而不是說明。**

舉例來說，「新進員工自己第一次寫的程式成功運轉了，他很高興」就是平鋪直敘的說明。換成「描繪」的方式，應該是「新人測試自己第一次寫的程式，當系統動起來的瞬間興奮地漲紅了臉」。

此外，如果要向客戶介紹一個別人負責的案例，請提前詢問該案件的當事人，請教其中的辛酸過程。直接從當事人口中聽取經驗談，能讓你更加投入感情，在轉述的時候，才能帶著如同自己親身經歷般的熱情，用生動逼真的故事，打動客戶的心。

STEP 2

「卓越銷售力」培養講座

商務洽談流程篇

1 商務洽談流程的好壞差別在哪裡？

先說差勁的流程。①寒暄→②產品說明→③問答。這是很常見的流程，但它的專案成立機率與成交機率都是最低的。只不過，當對方恰巧「有興趣聽聽看」時，這種流程也是有可能讓專案成立。

那麼，怎樣才能稱為好的商務洽談流程呢？

原則上應該是這樣的流程：

①寒暄→②閒聊→③提供可能對對方有用的情報→④探聽現況以及最近遇到的問題→⑤表明可能對現況與問題有所助益→⑥把握對方的意向→⑦介紹說明產品或服務→⑧問答→⑨約定下次拜訪

「探聽」一詞說來簡單，可對方未必會按照銷售人員的期待來回答問題。再加上如果是新客戶，對方會處於評估、衡量銷售人員水準的狀態，在判斷你是一個「可用的人」之前，可不會輕易地透露情報。

正因如此，才需要依靠③的「**提供可能對對方有用的情報**」來拉開差距。在前面的章節已說過，「對對方有用的情報」其實數量有限，所以降低難度，提供「可能對對方有用的情報」就行了。簡單來說，就是重量不重質。

為什麼這一步能夠拉開差距呢？因為只要對方下了「獲得了不錯的情報和提示」這樣的判斷，他們就會在④的「**探聽現狀以及最近遇到的問題**」這一階段如實告知他們的問題和現況，以此為報。這就是「有借有還」的原理起了作用。沒有不善加運用此機制的道理。

接收了這些探聽來的情報後，再依此進行⑤「**表明可能對現況與問題有所助益**」和⑥「**把握對方的意向**」。

相信你應該已經明白，照著這一連串流程來執行，STEP1裡「**2. 無法在談話過程裡自然而然地探聽情報**」這項銷售人員的煩惱便能迎刃而解。

若此時對方的反應良好，我們才首次進入⑦「**介紹說明產品或服務**」，但請留意，嚴格來說，這並不是單純的「說明介紹」，而是「宣傳」。這個部分將是整場談話的最高潮。

這之後便是⑧「**問答**」，通常這個步驟會直接影響商務洽談是否成立，因此可以依據這個階段，雙方對話的熱烈程度或者是否有談及成本、交期等問題，來判斷是否會成功。

此外，請務必留下課題，決定⑨「**約定下次拜訪**」的時間。

2 讓閒聊派上用場 ～任何人都可以輕鬆做到！提升聊天力的方法～

閒聊並不僅僅是以營造輕鬆愉快氣氛的破冰為目的。當我們與客戶進入官方、正式的商務洽談後，有些事情會「不太好詢問」，對方也會有些話「不太好說出口」，因此我希望你在開始正式洽談的前後，**運用閒聊時輕鬆愜意的談話氛圍，營造「敢問、敢言」的場合**。

我相信也有許多人是在洽談後的「**電梯間對話**」裡打聽到了一些線索，例如不太好直接詢問的預算規模，或是競爭對手的動向等。

順便解釋一下，「電梯間對話」指的是在結束拜訪之際，客戶送你到電梯間，陪你一起等電梯的這段時間裡所進行的交流。這時由於人們從方才的洽談過程的緊張感中解放，而不自覺

〈商務洽談流程的好壞差別〉

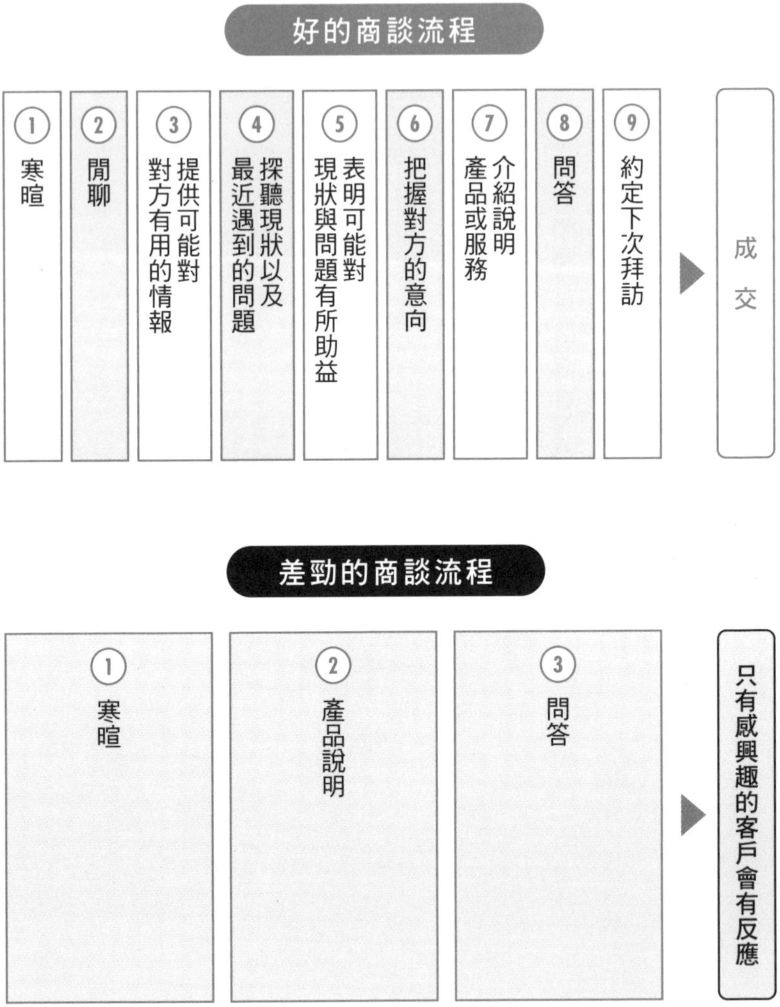

好的商談流程

①	②	③	④	⑤	⑥	⑦	⑧	⑨		
寒暄	閒聊	提供可能對對方有用的情報	探聽現狀以及最近遇到的問題	表明可能對現狀與問題有所助益	把握對方的意向	介紹說明產品或服務	問答	約定下次拜訪	▶	成交

差勁的商談流程

①	②	③		
寒暄	產品說明	問答	▶	只有感興趣的客戶會有反應

地放下警惕心。

而關於任何人都能輕鬆學會的提升閒聊力的方法，我已在STEP1中提到過，必須提前準備「3大法則」——「**說對方感興趣的話題**」、「**問單純的問題**」、「**聊共通的話題**」，從中選擇一個作為聊天主題。

「**說對方感興趣的話題**」可以聊對方公司的事情，也可以聊對方個人的事情，**總之要是「對方會欣然開口」的話題**。公司業績良好、產品熱賣、登上電視節目或報紙介紹，或者假如對方有愛女，就聊聊他女兒的話題，甚至是對方穿戴的手錶、皮鞋都可以。

如果你知道對方有釣魚、馬拉松、高爾夫或者旅行等愛好，這些話題也不錯。

另一方面，關於「**問單純的問題**」，為什麼是「單純」的問題呢？因為**只有對對方和對方公司感興趣，腦海中才會浮現出單純的問題**。

對方聽到這種單純的問題，反而會感覺「喔？這個人對我和我們公司很感興趣喔」，如此自然能拉近雙方的距離，也會與你更密切地交換情報。我們運用的就是這項原理。

若拜訪的是新客戶，如果對方公司網站上沒有刊載公司名稱和LOGO的由來，就能以此為話題詢問對方；即便公司網站上有介紹名稱和LOGO由來，也可以更進一步圍繞這個話題來詢問詳情。

如果對方看上去惜字如金，擺明著一副「別閒聊了，快進入正題」的態度，你也可以一邊從包包裡拿出銷售資料，一邊和對方打聽附近有沒有什麼「好吃的拉麵店」或「好吃的午餐店」。與這種客戶聊天的訣竅就是「邊做事邊閒聊」，展現出一種「我擺好東西後就會馬上進入正題」的氛圍，閒聊內容也要盡量簡短。

再沉默寡言的人也要吃飯，這種問題也不會很難回答，相對比較保險。

第3個是「**聊共通的話題**」，在這世界上能與最大多數人「共通的話題」，應該要屬最經典的「天氣／氣候話題」了。

不過，雖然對於銷售業績容易受冷熱陰晴影響的飲料製造商、食品製造商、物流業者來說，「天氣／氣候話題」是家常必備話題，但換作其他行業時，「天氣／氣候話題」卻有著較難推進到下一個話題，或者無法接入正題的缺點，所以有時候還是要視情況預先準備一些其他的主題。

「共通的話題」可以是任何事，比如共同的愛好、朋友、工作、行業哏、家鄉、畢業院校等，而且話題愈稀有，威力愈強。

所謂稀有，指的是雙方同為愛狗族、愛貓族、都喜歡欣賞古典音樂、都是群馬縣出身這種共通性。

以前我們常被教導「不要在閒聊中談論政治、宗教和棒球」，因為這些話題有可能導致雙方成為敵對關係。

不過，近年來由於職業運動的多元化發展，如果可以從對方的飾品或手機外殼等細節看出他有支持的球團、足球隊，其實話題通常不會圍繞在具體的球隊上，而是在「喜歡棒球」這一大框架下聊得火熱，如今棒球話題已無須避諱。

為免萬一要提醒各位，以前人們最愛閒聊的主題「**季愛新旅天家健工衣食住**」，也就是指「季節」、「愛好（興趣）」、「新聞」、「旅遊」、「天氣」、「家庭」、「健康」、「工作」、「服飾（時尚流行）」、「食物」、「居住」，其中某些話題如今卻為人所詬病。

從多元化和隱私性的角度，「家庭」話題已無法再登大雅之堂，而昭和時代極為稀鬆平常的「畢業院校」，如今也幾乎不再成為閒聊時的話題了。

3 推展對話的方法與訣竅

❶ 所見相同

想要奠定可讓談話進展的溝通基礎，很重要的一點便是不要反駁對方說的話，應該先正面接受，並強烈表示贊同。相關的回應句子如「的確，您說得對」、「正如您所說」、「我也是這樣想的」等等。

都說銷售這項業務「答案藏在細節裡」，**藉由刻意地明確表示出「我與你所見相同」的態度與話語，可營造使對方容易開口的氛圍，奠定展開對話的基礎**。

反之，在尚未與對方形成信賴關係的階段，就直截了當地用「但是……」、「可是……」來表示反對意見，對方當然會感覺不痛快，對話也不可能發展下去。

❷ 扮演傾聽者的角色

優秀的銷售員共同的基本行動綱領為「聽」大於「說」，**比起「講述」，更加重視「傾聽」**。

在商務洽談中，我們當然要徹底扮演好傾聽者的角色，**但聽不僅僅是聽，還要追根究柢地聽**。在與客戶的溝通過程中應多加留心，盡可能問出客戶有哪些難題、困境、問題點，甚至是「雖不成問題，但也不甚滿意」的地方。

❸ **津津有味地聽**

讓對方覺得你聽得津津有味，也是在商務洽談場合中，讓對話錦上添花所不可或缺的表現。

此時的訣竅在於**略顯誇張的反應**。

你可以使用像是「哇，聽起來好有趣喔！」、「真的很厲害耶！」、「然後呢？後來怎麼樣了？」、「真是太棒了！」等語句，一定要抓住機會展現出「我聽得非常投入」的反應，並確保對方有感受到。

也許有人會覺得「太刻意了，好假……」，不過請理解「刻意」是銷售人員的一種禮儀素養，先按照你自己的風格試著演演看吧。接著要說的，也是近似於「刻意」的表現：千萬要記住，你必須優先凸顯出對方，使光環圍繞在對方身上，絕對不要搶對方的風采。

❹ **善用比喻**

為了進一步推展對話，「比喻」也很有效果。**尤其當對方不是這行的專家或技術人員，卻不得不說到技術性、專業性質的內容時，比喻便是不二法門**。例如「用人類來比喻的話，這裡就是控制整個身體的大腦部分」或者「這就和社團活動、運動、學習一樣，與其用說明的，直接給您看樣本和示範，會更容易掌握」等，訣竅就在於將專業的內容與對方腦海中可能存在的

〈推展談話的方法與訣竅〉

所見相同

正如您所說。
我也和您有同樣的感受。

扮演傾聽者的角色

這樣啊！
可以請您再說詳細點嗎？

津津有味地聽

哇！那很厲害耶！
那後來呢？最後怎麼樣了？

善用比喻

如果將敝司產品比喻為人體的話，
這裡就是大腦的部分。

擁有擅長的領域

我都不知道您喜歡棒球！
其實我在學生時代也是一天到晚打棒球……

經歷、影像、文字聯結起來。

❺ 擁有擅長的領域

這一項並不是個具體的銷售訣竅，但我要向大家分享一件事：**什麼領域都行，只要你有某個擅長的領域，就可以幫助你更容易談下去**。常見的例子有：如果你是技術員或現場作業員出身的銷售人員，客戶就會想問你技術方面的問題，你們的話題想必也會往該領域發展；熟悉中國商務或了解日本藥品、醫療器材等品質、有效性及安全性確保法（原藥事法），這些也可以作為談話的武器。

除了工作以外，假設你的專長在體育方面，像是曾經有甲子園出場經歷、足球全國大賽出場經歷，且遇到對方喜歡棒球的情況，你便可以說「不如一起打一場」，邀請他一起參與業餘棒球賽或五人制足球賽，加深彼此的交情。

4 環境營造的5個技巧

所謂「環境營造」，其實就是為了使洽談過程能夠在良好的氛圍中順利進行，也就是一種

「氣氛營造」。這裡要介紹5種技巧。

❶ 從較為廣泛普遍的一般性話題開始

首先從較為廣泛普遍的一般性話題開始。不要一開始就把話題限定在自己要賣的產品上，急性子沒有任何好處。

具體來說，**選擇一個可以自由回答的開放式問題才是正宗做法**。開放式問題是對方可自由回答的問題，與之相對的是只能用「Yes」或「No」回答的封閉式問題。

❷ 穿插其他公司的案例

為了使氣氛活絡，便於洽談進展，插入一些其他公司案例可以帶來良好的效果。由於具體事例比較容易使人產生聯想、留下印象，即便是初次聽聞，也不至於無法領會。而且在介紹產品、宣傳產品的功能特性時，可以藉由介紹其他公司的案例獲得更高的信賴，**客戶也會想知道是什麼樣的公司使用了該產品，可謂一石二鳥**。

讓這份想像繼續發展，自然而然會想到「如果自家公司也用了這個產品……」，便可以此引發客戶談論公司內部存在的顯在問題，以及對產品的期待。

❸ **提出熱門關鍵詞**

熱門關鍵詞指的是目前在行業中引發關注的、正在流行的事，行業之外的關鍵詞也可以，比如**新冠肺炎疫情中的「遠距辦公」、「線上會議」、「線上洽談」**等。這種關鍵詞可以成為你和對方的共同語言，更容易營造融洽氣氛。

❹ **提出同行業、同業種的話題**

就「和對方擁有共同語言」這層意義上，**談論同行業或同業種的話題也很有效**。同行業自然不在話下，同業種指的則是技術類、銷售類、人事／總務類、售貨類等職業種類。

例如在新冠肺炎疫情的話題中討論到銷售一職時，你可以問：「說起今年的新人銷售培訓，貴公司也是打算採用線上培訓嗎？」由於在疫情中所有公司都有類似的煩惱，對方也想尋求好點子和有用的資訊，所以會積極地與你交換意見。

❺ **暗示自家公司的成績**

向對方明確展示自家公司產品或服務的市場案例，或是出於保密義務而無法明說時，也可**使用代稱來巧妙暗示**，這麼做可以讓對方感到放心，促進雙方打開天窗說亮話。

市場案例愈多，愈能夠獲得對方的信賴，讓你的洽談更順利。

以上就是環境營造的5個技巧，再補充一點，如果你能藉由以上技巧來推測「正確答案」，你的銷售水準將更上一層樓。

這裡的推測「正確答案」的意思，就是推敲出對方高度期待，並且是自家公司有能力解決的問題。

當你已將環境營造掌握得十分熟練，就可以嘗試一邊推測「正解」，一邊進展商談。

5 引起對方興趣和重視的8種談資

在新人培訓結束，剛站上銷售前線的初期階段，想必大多數銷售人員都會發現，客戶們在商務洽談中有些時候會展現出興趣，有些時候則「毫無興趣」。

前者先不談，**當意識到對方對自己「完全沒興趣」時，應該如何提高對方的興趣和重視度呢？**這裡我將介紹8種方法。請從你辦得到的部分開始，提前做好準備，幫助你作出臨場反應。

❶ 如何才能解決當前遇到的問題？

此話題一出，任何人都必定會感興趣、加以重視，堪稱是最強王牌。比如當你面對一家因新冠肺炎疫情而苦於無法去拜訪老客戶的公司，可以這麼說：「**我製作了關於『線上洽談容易受挫的8種場景及對策』的手冊和影片，下次我把它帶來好嗎？當然，如果有需要，我們也可以幫忙做新人培訓……當然是線上培訓**」。

該如何準備這張最強王牌呢？首先收集一定程度的情報後，用一般人共通的觀點來推測出客戶可能面臨的問題，列出清單，並準備好解決方案。

如果自家公司能夠提供該解決方案最為理想，倘若無法，也可以單純利用這些情報來引起對方的興趣和重視。

❷ 其他公司是如何處理這些問題的？

自己公司面臨的問題和困難，**其他公司是如何應對的呢**？這個話題與①一樣，可說是非常強而有力的王牌。聰明的經營者和管理者有時會為了獲取這些情報而願意與銷售業務員見面洽談。簡單來說，他們需要可用做標竿管理的正確情報，以及可輔助他們作決策的線索。

如果可以事先推測出對方想要的資訊，並提前準備好，肯定能得到高度重視。

好比說，在新冠肺炎疫情影響下，有一家可能想用線上方式對30名新員工進行銷售培訓的公司，你可以說：

「我這裡有幾個去年的案例，雖然說不方便透露這些公司的名稱，但裡頭的案例在採用培訓課程對30多名新員工進行線上培訓後，獲得了比面對面培訓更高的成效。您要不要看看這些案例呢？」

毫無疑問，沒有人會拒絕這種情報。你可以依此類推，盡可能多準備一些能讓話題延伸的問題。

❸ 最普遍共通的問題

不同於①②，當我們無法確定客戶有什麼問題，就使用這個方法來循循善誘，一邊引起對方的興趣，一邊慢慢地讓問題浮現。

最普遍的做法是用業界特有的問題作為談話主題。比如你面對的是駕駛員短缺的貨運公司，就可以用這種接觸方法：

「貴公司有沒有考慮過採用女性駕駛員呢？現在同行中已經出現一些公司開始積極採用女性駕駛員，他們會委託收貨方幫忙卸貨，或是輔助女性取得堆高機的駕照……」

❹ 具體的個別解決方案

假如客戶想要的解決策略或能夠接受的妥協點被局限在某個範圍內，為了反推出客戶所面臨的問題，可以先試著提出具體的個別解決方案。

例如：「**關於貴公司的SFA（銷售自動化系統），有沒有人表達過一些不滿呢？像是，輸入資料擠壓了工作時間，導致拜訪的客戶量下降；或是得不到上司的回饋，對提高成交率也沒什麼幫助，不知道寫這些有什麼意義，像是這類的意見。**」

提升對方的興趣與重視的訣竅就在於盡量引用大家真實的心聲。

❺ 先進案例

介紹先進案例也能有效引起對方的興趣和重視。**選擇的竅門為盡量使用有影響力的公司作為案例，此為最理想情況，倘若沒有，就盡量引用和對方業界與公司規模相近的案例。**

如果仍然沒有相近案例，就盡可能創造共同點，像是對方和案例中的公司都面臨到的問題等，由此來介紹案例。

❻ 同行業、同業種的情報

關於可能派上用場的情報扮演了使洽談順暢進行的重要角色這一點，在前面已經說明過，**任何人都會想聽聽同行業、同業種的情報**，這也是引起對方興趣和重視的強大武器。

因此，你需要養成每天和上司、前輩、同事交換情報，吸收最新資訊的習慣。

⑦ 暗藏啟發的其他業種案例

即便不是⑥的同行業情報，凡是能當作參考或帶來靈感的其他行業的案例和情報都可以。比如，**「成功提升大齡員工積極性的方法」或者「KPI評價制度」**等，即使是不同行業的事例，也有其參考價值。無論銷售的是什麼樣的產品，都存在這種可能暗藏啟發的其他行業事例，不妨都用來作為自己的銷售武器。

⑧ 時下熱門議題

在先前的「環境營造」段落中，我也提到過熱門話題的效果，只要拋出一個當前大家都在關注的熱議話題，對方當然想豎耳傾聽，自然而然提高對這段對話的興趣和重視。

舉例來說，在經營管理相關部門、管理部門以及人事部門裡，「會員型」、「專職型」人事制度以及日本「老年人穩定僱傭法」修訂後，「配合70歲退休義務」的相關議題就是熱門話題，如果你的客戶是人力資源服務類型的企業，便少不了這一類的情報武器。

至此，我一共介紹了8種能夠引起對方興趣和重視的代表性話題，當然能做為談話內容的材料並不僅止於此。請在平日裡便養成推測對方「想知道什麼情報」的習慣，做為你的銷售武器。

6 讀取對方真實心理的5個詢問句，增強提問力

除去專員銷售以及彼此已建立起信賴關係的這些情況，我們無法保證在銷售過程中，能夠從對方口中得到想聽到的答案。

尤其當你面對的是新客戶，魯莽地詢問：「在某某方面有沒有碰到什麼問題？」也許還會惹得對方不悅，心想：「不過是個跑銷售的，神氣什麼？要是告訴你就能解決的話，還算是什麼問題……」不得不慎。

這是因為在日本，**「在某某方面有沒有碰到什麼問題？」這種問法給人一種「高高在上」的態度，會讓某些人覺得刺耳。**

從語言的角度來說明，由於日文極度仰賴上下文來判斷語意，例如別人問：「要不要再來

一杯一樣的？」若回答：「可以了。」有可能指「可以再一杯了」，也有可能是指「可以不用再一杯了，已經喝夠了」，同時有「Yes」和「No」兩種解釋，相當神奇。

實際上，「要不要再來杯一樣的？」、「可以了」這兩句日文的意思，不能只靠字面上的解讀，而是要**透過當時對方的表情變化、態度、說話方式、當下的氣氛以及先前的情境來做綜合判斷，方能明瞭對方的意思**。

從這個角度來說，日文也是世界上最不適合銷售行業的語言。「極度仰賴上下文」中的「上下文」，就是我們說人「搞不清楚狀況」時的那種「狀況」。

只需理解語言的這種特殊性，你的銷售溝通技巧就能大幅躍升。

換句話說，只要是使用語言來交流，每個人對他人真實意圖的解讀，都會產生極大的懸殊，因此必須用一些方法來導正。

具體方法就是在問法上下工夫，在此將介紹5個代表性的方法，即**「確認法」、「誘導法」、「擇一法」、「深究法」和「徵求小量同意法」**。

❶ 確認法

直接詢問「○○當前有什麼問題嗎？」，會讓人感覺「高高在上」，但神奇的是，只需在前面加上一句鋪墊：「**想和您確認一點……**」這種居高臨下感就會消失。比如「**想和您確認一點，最近我們收到許多客戶反應，希望能提升高齡員工的積極性，不知貴公司在這方面有沒有類似的問題呢？**」

❷ 誘導法

誘導法從日本昭和時期就是保有傲人業績的銷售員們常用的一種提問方式。比如「**有些超過10億圓營運成本的大公司也引進了我們公司的部分系統，不知貴公司在這方面有什麼想法……。**」

引進新產品會讓有些客戶心生猶豫，也會造成某些公司內部產生意見分歧，此時你可以具體提出「在系統開發上每年投入10億圓營運經費的大公司也引進了我們公司的部分系統」來引導客戶開口，使用誘導式詢問，對方將更容易回答，這便是誘導提問法。

❸ 擇一法

擇一法這種方法，是為了釐清對方真正的意思，因此提出一些可用「Yes」、「No」或「A」、「B」二選一，或者從「A」、「B」、「C」三選一來回答的問題。像是「**貴公司在加強銷售業務這方面，以優先順序來說，是想優先加強管理階層或者是20多歲的年輕族群**

呢？」

由此篩選出哪一項更接近對方的真實想法。

❹ 深究法

先前有提過日文是一種極度仰賴上下文來判斷語意的語言，它的特點之一，就是如果不了解對話的背景，便很容易在誰說過、或沒說過什麼話上產生爭執，出現互相推卸責任的風險。所謂的「默契」、「揣度」，這些都只存在於每個人的心中，說話者和聽話者的認知可能未必一致。

所以**不要只問表象，應該再深入到事情的裡層，用「造成這現象背後原因是……？」這種問法來探聽深層因素**。

❺ 徵求小量同意法

為了確定對方真正的心思，判斷他是否有興趣，應避免像「下次我會帶一些先進案例給您看」這樣的強迫推銷，任何一點小事都要請對方下決定，這就是徵求小量同意法。

比如你徵詢對方意見，問：**「我這裡有些同行業其他公司的先進案例，要不要下次帶來給您看看？」**假如對方感興趣，就會有類似「務必拜託了」這種正面回答。另一方面，當對方不是特別感興趣，可能就會回覆說「還不到那個階段……」或者「啊，等你有時間的時候再說吧……」這樣敷衍、消極的回答，此時也可緊接著問：「**那麼，現階段貴公司優先級別更高的課題是……？**」將話題轉到對方真正有興趣、關心的事情上。

7 掌握客戶問題的5個方法及注意事項

到目前為止，我再三強調成為優秀銷售員的關鍵因素在於掌握和預測客戶的問題，但實際上該怎麼做呢？在這一段落中，將脫離預測，和各位分享**直接或者間接掌握客戶問題的方法和注意事項**。

❶ 直接詢問對方

直接問清楚對方目前面臨的問題，應該是最正統的做法了。

此時有3項注意點。首先要區別清楚，該問題是**一般員工的問題、管理層級感受到的問題，還是董事級別（即經營者階層）感受到的問題**。

從順序來看，董事級別、管理級別可能會為了解決他們感受到的問題，有更大機率願意編列預算；一般員工的問題則有可能被視為單純的抱怨與發牢騷，而不會被重視，這便是我們要注意的一點。

接下來要注意的是對方「嘴上說的內容」和「潛藏於背後的原因」，如同我在日文極度仰賴上下文來判斷的段落中所說的，**不要將對方說的話照單全收，而是要深入探聽該說詞的「深層背景」**。然後，聽清楚對方說的是「事實」或「個人意見」還是「猜測」。

❷ 推測與確認（誘導）

這種方法並不是單刀直入地問對方有什麼問題，而是透過誘導式詢問，證實對方是有一些問題，並確定問題的真實性。

常用的是確認法，如「**有件事想和您確認，最近有客戶表示輸入資料到SFA（銷售自動化系統）太花時間，導致他們拜訪客戶量下降，變得本末倒置，不知貴公司在銷售管理方面，是否有感覺到什麼問題呢？**」

如果**公司高層、部門高層平時就懂得將和其他公司交換意見時所收集到的最新資訊與眾員工分享，就可引用其他公司的最新事例來鋪陳話題**，達到用組織的力量，抬高公司整體的銷售水準。

當然，除了銷售部門，倘若再加上技術部門提供的情報，威力就更強了。

❸ 詢問合作夥伴、介紹人或仲介

這是一種用間接方式收集客戶問題的方法：詢問你的合作夥伴、介紹人或仲介。例如，如果你有一項想銷售給大型工廠的產品，你可以**向素有交情的設計工作室、總承包商、分包商的商業夥伴或是透過介紹人，間接詢問施工業主目前遇到的問題**。

❹ 詢問客戶公司其他部門的人

在專員銷售的情況下，或是你除了客戶所在的窗口部門以外，還會和用戶部門、採購部門等多個部門有業務往來，那麼**詢問其他部門的人也是一個有效的方法**。很神奇的是，有些人不太愛說自己部門的事情，但一遇到其他部門的問題卻滔滔不絕；反之，有的人則會認為「有違公司規章」，對其他部門的事情三緘其口。

❺ 與同行交流情報

在某些行業，同行之間交換情報可能會有勾結、違規之嫌，而在沒有這種風險的行業以及IT產業，當多個供應商共同完成大型專案時，也有很多人會**在午餐時間或慰勞會上交流情**

〈掌握客戶問題的5個方法及注意事項〉

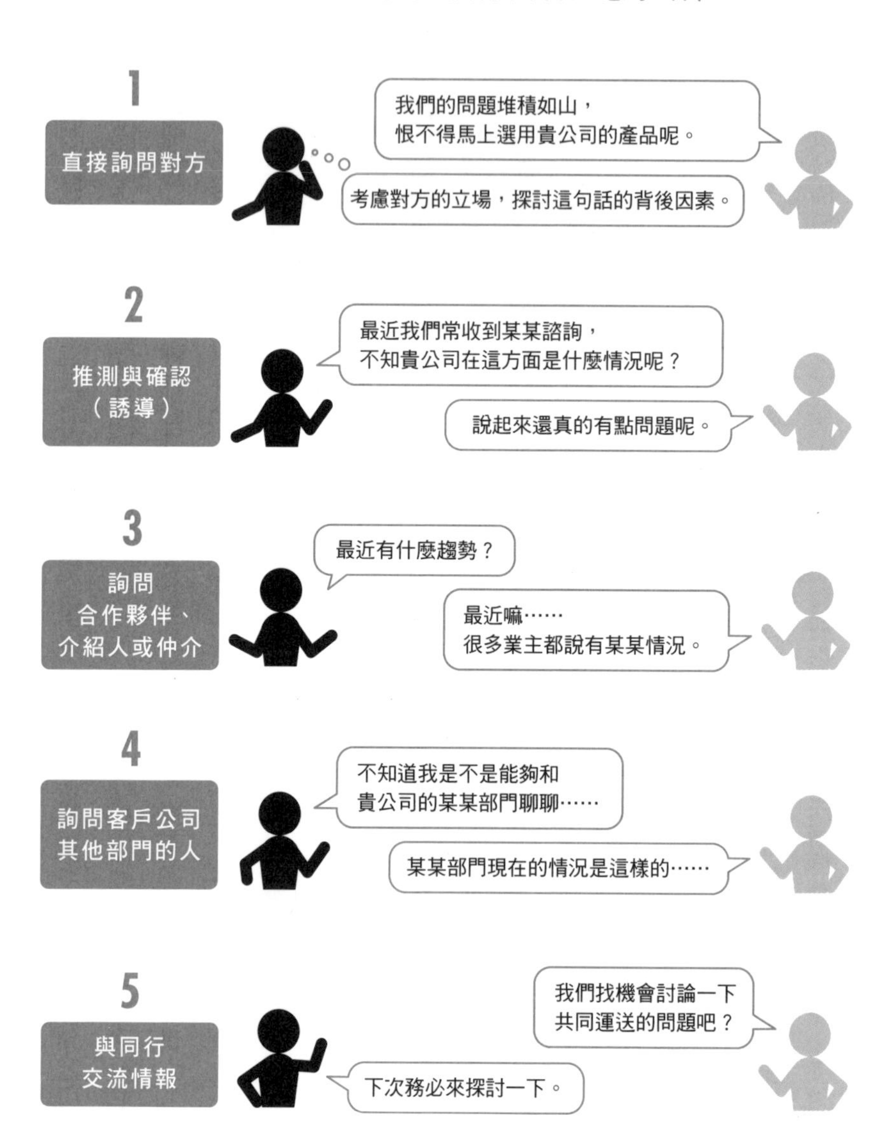

報。此外，很多時候我們可以通過以前的人脈——如讀書時的朋友、以前的同事和上司、換工作的後輩等人，在與他們交流的機會中獲得有用的情報。

8 7個「提問技巧」，讓你「即刻」變身優秀銷售員

❶ 開放式提問

開放式提問這個詞之前也在本書裡出現過，這並非多複雜的技巧，就是**問可讓對方自由回答的問題**。

例如，「貴公司在遠距辦公這方面採取了什麼樣的相關措施呢？」這樣的提問，好處是更容易拓展談話，另一方面的缺點則是對方的回答可能讓你出乎預料、措手不及，又或者對方可能是個沉默寡言的人，答一句「也沒什麼……」讓對話劃下句點。

❷ 封閉式提問

之前的段落也介紹過封閉式提問，像**「貴公司的遠距辦公率有超過50%嗎？」這種，可以用「Yes」、「No」或「A」、「B」來回答的問題。**

這種提問方式的好處是可以明確得知對方的想法，壞處則是很容易變成誘導式詢問，而且若重複太多次，也會變得像在審訊盤問，破壞談話氣氛。

❸ 直接提問

如同字面上的意思，就是直截了當地提問，在想要對方說清楚講明白時，就可以這麼用。像是「順便和您確認一下，下一年度我們的合約還會繼續對嗎？」這種問法。**使用「順便確認一下～」這種前置語句鋪墊，能讓我們問得更自然，對方也能答得更輕鬆**。

而當你可以在某種程度上預測對方的回答，甚至已經對此準備好了明確的解決方案、或是對方可能接受的妥協提案時，這也是一種合適的提問方式。

❹ 拋磚引玉式提問

為了不讓對方感覺到唐突，可以用拋磚引玉式的提問法。比如，「或許是因為受到遠距辦公的影響，導致拜訪銷售銳減的緣故，許多客戶都表示他們的官網收到了更多的諮詢，不知道貴公司是否有類似情況呢？」

相信不用我說明了吧？**比起劈頭就問「最近貴公司官網是不是收到了更多諮詢？」有一段鋪陳能夠讓整段話的脈絡更為清晰**，對方也更容易回答。

❺ 委婉地問（迂迴提問）

如果開門見山就問「請問你們預算是多少？」一旦對方讓你吃到閉門羹，說「這種事怎麼可能告訴你」，便很難再開口問預算方面的問題了。

當你可能要面臨對方拒絕的風險時，可以**迂迴地問「今年的預算感覺大致和去年差不多嗎？還是說有增加的可能嗎？」往往更容易從對方的回答中得到提示**。

❻ 讓對方自己察覺的暗示性提問

暗示性提問是尼爾・雷克漢姆在他開創的SPIN話術中所提到的提問法。**這問題的目的在於讓客戶意識到當前感受到的問題和困難可能會帶來的風險，並察覺到其嚴重性**。

例如，「貴公司每年都會新招聘大約200名銷售人員，俗話說27歲是一道坎，如果25歲到30歲人員中有半數都離職的話，在招聘畢業新生這方面，會不會受到影響呢？」

如今在求職市場中，「3年留存率」是人們選擇公司時的一個重要KPI，而這個問題就是在暗示對方，有半數25歲到30歲人員離職想必是因為發生了一些問題。**這問題的最終落點就是「我們一起來解決這個問題吧」**。

⑦ 連續提出幾個對方必然回答「Yes」的問題

這是很早就使用於B to C——即企業對個人的銷售業務裡的技巧。

這種方法**透過故意連續問對方幾個必然回答「Yes」的問題，使最後一道題也容易以「Yes」作結**。也就是一步步烘托出氣氛，最後再一口氣攻陷。

換到客戶的立場，有時候只是一時被氣氛煽動而不禁回答了「Yes」，第二天早上冷靜下來時，才發現自己「其實並不需要那個東西」，於是從保護消費者的角度，也出現了「冷卻期制度」。

從這個意義上來看，這種問法確實是效果非凡。

9 介紹產品的勝利法則

我在第2章的銷售準備中所提及的「推進銷售談話」指的就是這個環節。比起向客戶介紹你從4P切入點來分析的自家產品、服務、解決方案，帶有明確的宣傳目的會有更高的訴求力。

如果你有可能提供益處，告訴客戶自家產品能夠幫忙解決他所遇到的困難，就應該優先選擇這個方式，而不是僅僅介紹你的產品或服務。**盡可能生動地闡述對方可以如何透過你的商品獲得益處，這就是介紹產品的勝利法則。**

再加上如果你擁有以下任一要素，宣傳力度會更強。

❶ 能吸引對方的功能和解決方案

在介紹產品時，請將一般情況和對方的具體狀況加以區分，從能夠吸引對方的功能和解決方案開始，循序漸進地介紹。

假如這部分內容刊載於你的銷售工具的第12頁，那就直接從第12頁開始解說，這就是優秀銷售員會使用的方法。務必要記住最高原則——從「對對方來說」相對重要、有吸引力的部分開始解說。

如同我在本章「商務洽談流程」此段落所述，這個方法的大前提是在介紹產品之前，你已經探聽過對方的困難和問題，所以使用這方法的鐵則就是：使出渾身解數告訴客戶你的產品能如何幫上他的忙。

❷ 「市占率第1」

如果你的產品在整體市場占比第一，或者在某個類別的市場獨占鰲頭，請先將這一點大聲告訴你的客戶。即使整體市場中只排行第3，但如果有類似「金牌啤酒類別占比第一名」、「公寓類型房產占比第一名」、「九州地區占比第一名」等等，在**與對方相關聯的類別中奪得頭籌的話，必定能盡顯優勢**，沒理由不拿來宣傳。

❸ 被「No.1」公司採用

還有很多產品原本就無法用市場占比等指標來衡量。在這種情況下，**如果有知名度極高的公司，或者該行業中具有影響力的公司採用了自家產品，也會是一個很好的宣傳重點**。

當然，在搬出那些公司的名字前，需要先徵得對方的同意，一旦對方點頭，就積極地拿來用吧。

❹ 被客戶同行的其他公司採用

要論其他家公司的案例，客戶**最在意的必屬和自己同行的公司**，而且你採用的案例，最好是與客戶公司相同或更大規模的公司，這將是你介紹產品時勾起對方興趣的一大籌碼。

❺ 有價格優勢

當功能特色、性能、品質都差不多的情況下，通常很難打出價格優勢，但**假如你的產品具**

有價格優勢，那就是你應傾力表現的重點。

此時你可不想讓對方產生「便宜沒好貨」的疑慮，所以請準備好向你的客戶**解釋能實現價格優勢的背後因素**。

除此之外，在介紹產品時，如果你很熟悉對方想知道的主題，或者握有對方感興趣的領域的情報，這些都會成為你的優勢，把這些好牌全使出來吧。

10 「6個附和」訣竅讓對方侃侃而談

附和有時是一種比語言更加強大的溝通工具。因為**適時的附和，能令對方鬆開話匣子**。

這裡我將列出6個情境讓你看到附和有多麼重要，請整理出「屬於你自己的附和模式」，仔細地精雕細琢後，運用到實戰中。

❶ 表示同意

首先是表示同意的模式，但如果你只是重複「對」、「對」、「對」這種相同的字眼，會造成一種笨拙幼稚的印象。請嘗試**組合3種以上的表達（例如「對」、「是呀」、「原來如此」）來加入變化**。

請注意，我不建議使用「原來這樣啊」來應話。如果你已經養成這個習慣，那麼還有一種方法，就是完整地說出「**原來如此，是這樣啊**」。

❷ 表示強烈同意

此處希望與前文的「對」、「是呀」、「原來如此」做出區別，請準備一些表達強烈同意時用的附和模式。比如，可以不只是用詞語，而是**一邊說「您說的沒錯」，一邊加入閉眼、緩緩點頭等動作**，在對方看來，你同意的程度會更強一些。

❸ 聚精會神地聽

當你對對方的話感到更大的興趣時，則需要給出一種**讓對方看得出「我對你講的話非常感興趣」的反應**，在銷售員與客戶的溝通過程中，這麼做十分有其必要。請事先準備好你的回應，如「**哇，那真的很厲害耶**」、「**哇，這真讓人佩服**」。

❹ 深究

先前已經多次提到深究這個詞，你可以**直接決定一個固定句型，在想要深入提問時使用**。我建議你**養成這樣的口頭禪，比如「請問這件事的原因是……？」**。

❺ 追問

這種情況或許不會頻繁發生，不過，假如你專注於做筆記而漏聽了對方的話，或者由於對方語速太快、口齒不清等，**由於某種原因導致你漏聽了某些內容時，請務必追問**。

追問並不失禮，而且遺漏內容還會為你帶來隱憂，所以嚴禁忽略帶過。只要問一句「什麼？」、「您剛才說的是……？」就能解決這個問題，還可以瞥看一眼筆記，暗示對方你剛才正忙著做筆記。

❻ 輕輕帶過

偶爾也會碰到這種情況。假如對方把我們捧得太高，或者對方姿態過於謙卑時，**用「哪裡哪裡」、「哪有您說的這樣」來帶過話題才能顯得自然有禮**，做好準備以防萬一吧。

第5章

成功的線上商談（遠距商談）與電話商談

STEP 1

線上商談容易受挫的8種場景

在這次的新冠肺炎疫情中，透過網路進行商務洽談的方法飛速普及，而比起面對面銷售的形式，線上商談有著看不出對方反應、新客戶甚至無法交換名片等各種不便之處。所以，此處要介紹**讓你談一場漂亮的線上商談，並直接與成果掛鉤的詳細方法**。

我會先在ＳＴＥＰ１中介紹８種線上面談容易受挫的場景，並在ＳＴＥＰ２逐項說明解決的辦法。

1 難以建立人際關係

如果和對方已有些交情倒也罷，但若初次與對方洽談就是線上形式，連名片都無法交換，

甚至當對方有多個人時，也無法判斷誰是上司、誰是關鍵人物。在面對面的銷售業務中，我們可以透過觀察公司氛圍、觀察對方，再機靈地用閒聊來套套交情，或者依據在場的氣氛來拉近關係，但透過網路時，要掌控氛圍可不是件容易的事。

2 由始至終都是單方面說明

現象

即便不是線上商談，面對面商談時，也是有不管對方的反應，從頭到尾自顧自地單方面介紹產品的新人和年輕銷售人員。不過，一些平時不會犯這種錯誤的人，一旦碰到線上商談，由於無法判斷是否勾起了對方的興趣，因此很容易不自覺地變成單方面說明自己的銷售道具或提案資料。

3 看不出對方的反應

面對面商談時，我們可以從對方的反應看出他的心動程度，線上商談卻難以做到這點，就連對方的表情都難以捉摸，因此**不好判斷①銷售談話是否打動了對方、②對方是否比一開始更有興趣、③是否理解你的話、④這次商談是否樂觀、⑤對方真正的心思**。

更甚者，有時對方為了讓連線品質穩定，會關掉鏡頭來節省流量，我們連對方的臉都看不到，商談變得更是困難。我們既無法強制對方露面，而且若對方一開始就告知「受限於網路流量，我就不開相機了」，更是嗚呼哀哉。

4 畫面分享失敗……

本想一邊分享自己的螢幕畫面，一邊進行商談，但有時卻可能因為網路環境或其他因素，導致無法分享畫面。像規格樣式書、圖紙、設計圖這類資料，本身就因尺寸過大，不適合在電

腦或平板電腦的螢幕上分享，如果對方使用智慧型手機和你開會，他們可能連畫面上的字都看不清楚。

5 聽不清對方的聲音（對方的人數、場所、網路環境）

現象

基於人數、場所、網路環境的問題，也**常出現聽不清對方聲音的情況**。若對方是多人位於同一個會議室，並使用了麥克風擴音器，還可能會出現回聲噪音。而且說實話，如果出現回聲噪音，我們也很難開口要求對方「請到設定裡選擇『退出電腦音訊』」。

6 同時開口造成尷尬

現象

在一般的商談和日常對話中，也可能會有和對方同時開口的情況，然而在網路環境下，由於**無法達成「輪到誰說話」、「輪到誰聽」的默契**，雙方搶話的發生頻率要比現實中高出許多。

7 說話和做筆記難以取得平衡

如果專心對話，就無法兼顧做筆記，若專注於做筆記，使對話中斷稍微久一些，就會被誤以為「連線出了問題」。

8 無法開內部會議

現象

有些人表示，當自家公司有多個人各自從遠端參加商談時，面對「該由誰來回應這個問題」等狀況，沒辦法像平時商談一樣，用眼神或小聲指示來私下討論對策。

〈線上商談容易受挫的8種場景〉

1	難以建立人際關係
2	由始至終都是單方面說明
3	看不出對方的反應
4	畫面分享失敗……
5	聽不清對方的聲音
6	同時開口造成尷尬
7	說話和做筆記難以取得平衡
8	無法開內部會議

STEP 2

「卓越銷售力」培養講座
線上商談篇

1 「難以建立人際關係」的解決辦法

❶ 使用「2分鐘法則」建立人際關係

無論是面對面商談還是線上商談——後者尤其更該注意，不要一開始就用「我們馬上開始吧……」急著進入主題。**切記不可劈頭就開始介紹產品。**光是此舉就會讓對方留下「這人很不懂銷售」的印象，也會讓你的專案成立機率與成交率降至最低。

你必須有個概念：商談的前2分鐘應該用來營造氣氛。我們稱之為「2分鐘法則」。雖然不能說商談的成敗一定「取決於前2分鐘」，但商談最初的「營造氣氛」確實具有相近程度的重要性。

重點在於要如何使用這最開始的2分鐘，而且線上商談與面對面商談的閒聊內容會有略微的差別。

對於現有客戶，不妨選擇以下話題：

1. 共同話題（相關的話題）
2. 可能幫助到對方的情報
3. 有機會得到對方讚許「對我公司和這個行業很了解」的情報
4. 對方可能會感興趣、會重視的話題
5. 時事話題、可連接到今天主題的話題

❷ 面對新客戶則從自我介紹開始

反之，如果是初次會見的客戶，建議你們彼此先做一個簡單的自我介紹。

即使線上畫面的背景有顯示名片內容，但畢竟不是面對面交換名片，還是做個能令對方印象深刻的自我介紹更有效。

此時的要訣在於，銷售人員要**帶著「自我推銷」的意識**來介紹自己，會比單純的自我介紹更能讓人留下印象。

2 「由始至終都是單方面說明」的解決辦法

❶ 使用「拋磚引玉法」誘使對方開口

除非你要銷售的產品實力傲視群雄，否則單方面的產品說明，勢必會讓你的專案成立率和成交率低迷不振。因為**銷售在「聽」不在於「說」**。而且，專案成立率的高低與商談中和對方的互動次數是成正比的。

因此，**在本就容易流於自說自話的線上商談中，必須花點心思，製造讓對方開口的機會**。為此我推薦使用「拋磚引玉法」來讓對方開口。此處會介紹一些典型的方法。

(1) 詢問情況

在**解說、介紹完某件事後，立刻接著問「目前貴公司是如何應對這種狀況的呢？」**探聽對方公司的現狀。

(2) 衍生提問

此種方法是向對方講述案例，或其他公司使用了產品前後的變化，**接著立刻詢問：「若是以貴公司來說……」**，拋出與案例相關的問題。

〈用「拋磚引玉法」避免自顧自地介紹〉

詢問情況

本公司的產品有如此特徵。
目前貴公司**在某某方面**
是如何處理的呢？

衍生提問

其他公司在引進產品前後有了這樣的變化。
以該案例為依據，若是貴公司**採用了……**

請勿外傳

請您不要說出去，
其實我們公司的產品……

(3) 暗示性提問

在前面的SPIN話術中也介紹了這種提問方法，當對方正面臨一些窘迫的事態時，我們可以問：**「這樣交期一延後，實際上會導致什麼樣的問題呢？」藉由疑問來暗示那將引發多麼嚴重的問題**。

(4) 案例

「案例介紹」本身已足夠引起對方的興趣和重視，倘若再選擇一個**與對方當前狀況相近的案例**，對方自然更容易鬆口提問或提出評論。最理想的情況是，在對話中間穿插一些詢問對方情況與衍生性、暗示性的提問，而不是一股腦地介紹產品。

(5)—請勿外傳、小道消息

這個方法很多銷售人員都會用，先叮囑對方「**不要外傳**」，然後透露一點小情報，**營造出「你與眾不同」的特別感**，這麼做也會讓對方產生更多反應，用來引誘對方開口相當有效。

❷「短句法」讓對方更好開口

這個技巧也是由來已久，就是將傳呼類（發訊服務）客戶服務中心所使用的知識技巧加以應用，是一種將句子盡量切成「短句」來說的方法。

我們都明白這個道理，**將句子切短了，對方就能更容易聽懂**。語句間多出了空白，**對方也比較容易插話**，單方面說話的問題也就迎刃而解了。

❸減少「有什麼問題嗎？」的開放式提問

大家總是忍不住想用「有什麼問題嗎？」這種開放式提問。

事實上，**線上商談中當你想問「有什麼問題嗎？」時，用Yes or NO或者是A or B就可以回答的封閉式提問會更有效，對方也更容易回答**。

不妨給自己設下一些限制，例如僅限於「衍生提問」時可以用開放式提問。

3 「看不出對方的反應」的解決辦法

線上商談中最令人頭痛的就是「看不出對方的反應」。

這毫無疑問是**線上商談最大的瓶頸**。因此，我在這裡要提出5種方法來突破這個瓶頸。

❶ 讓對方不禁開口說話的「呼喚法」

「呼喚法」指的是在線上商談中**不斷提及對方的職稱和姓氏，一邊單獨點名某人，一邊進展**的方法。這種技巧熟練後，還可以再加上「主持人話術」——彷彿電視節目的主持人逐一點名評論家和嘉賓來依序對話一樣，請商談的與會者發表意見，不過要這麼做的前提是必須握有會議的主導權，因此「呼喚法」更為安全保險。

其實我初次接觸這種「呼喚法」，是在我剛進入瑞可利的時候。當時有「銷售天才」美譽的前輩和其他部門的頂級銷售前輩帶我一起去跑業務時，我注意到這些優秀銷售人員都會**以職稱稱呼對方，並且次數多到不必要的地步**。

像是「至於某某部長您感覺到的問題~」、「某某課長，我剛剛說的第2項產品優勢，不知道您是否能夠理解？」、「某某主任，不知實際操作者們對於可於單一畫面操作的好處有什麼感想呢？」如此單獨稱呼每個人來確認對方反應。於是我開始模仿前輩們，並立刻感受到了這種話術的威力。

人類就是一種被叫到名字時，就會反射性做出反應的生物。

這種特性沒道理不拿來應用於線上商談裡。請從明天開始多多稱呼客戶的職稱或姓氏，看看他們的反應吧。

❷ 使用「比喻法」更能引出對方的反應

在難以觀察對方反應的情況下，**用「假設一下～」來創造對方容易產生反應的前提**會是個有效的方法。例如，「假設貴公司考慮引入ＳＦＡ（銷售自動化系統），可能會遇到什麼阻礙呢？」

同時我推薦將這個方法與①的「呼喚法」合併使用。

❸ 學習「人格面具法」加強對方反應

我推廣人格面具法已經約莫20年，最初這個方法並不是用於線上商談的。

〈用「呼喚法」、「比喻法」讀懂對方的反應〉

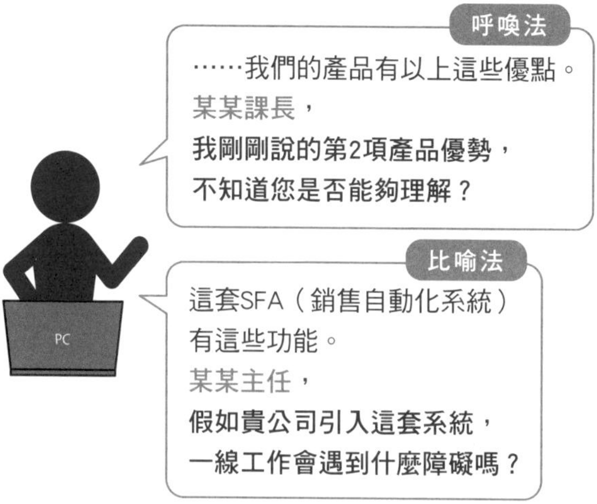

呼喚法

……我們的產品有以上這些優點。
某某課長，
我剛剛說的第2項產品優勢，
不知道您是否能夠理解？

PC

比喻法

這套SFA（銷售自動化系統）
有這些功能。
某某主任，
假如貴公司引入這套系統，
一線工作會遇到什麼障礙嗎？

「人格面具（Persona）」也是人格（personality）的詞源，據說最初在古代戲劇中是「面具」的意思。也就是說，人格面具法是指**進行銷售時，你並不是「純粹的自己」，而是在扮演另一個角色**。

這個概念是：在銷售過程中，也許有時真實的你會感覺「好羞恥」、「討厭這麼刻意」，然而當你毅然決然地認清「我是在扮演一個優秀的銷售人員」的事實，則那些事就都可以做得到。

我之所以主張做銷售的人沒有適不適合這一說，也是因為我親自見證過這個方法多麼有效。

那麼，我們要如何在線上商談中應用人格面具法呢？確切來說，就是**故意誇張地演**

出，以增強對方的反應，好幫助我們分辨。此處有個重點：直擊核心的銷售總是伴隨著誇張刻意的表演。希望你們能夠試著仿效。

這其實很簡單。**在線上商談中，表情起碼要比平時誇大1・25至1・5倍**。要做到這一點，最簡單的就是誇張一點。具體的作法是：你可以在一開始便展露出一個大大的微笑，不擅長笑的人請露出你的牙齒。

手勢動作也要比平時更大更誇張，聲音也要比平時放大約1・25倍。接下來的這一招，也是客服中心會使用的小撇步：比起「說話時放大音量」，你應該想像著「對前方放出」自己的聲音。

最後是**情緒，可試著將語調升高八度**，讓自己情緒高漲。

使用這種人格面具法，對方就會被你的情緒感染，自然而然地增強反應，讓你更容易摸透他。

❹ 用「船錨話術」確認對方反應

你知道「船錨」是將船舶保持在固定位置的工具，同樣的，為了不讓對方藏起反應，我們要故意**拋出能一擊必殺的語句或關鍵詞，牢牢鎖住對方的反應**。

❺ 用「磁鐵話術」吸引對方注意

這方法與船錨話術基本相同，不過這裡講的是「磁鐵」，所以是**從一開始就提出深深吸引對方的話題**，營造一個沒必要再三確認對方反應的情況。

4 「畫面分享失敗……」的解決辦法

我可以斷言，這已經算是一種「禮儀」，我們要做的不是善後，而是「善前」，提前採取措施來防止最糟的事態發生。

具體而言，我們可以**提前用電子郵件寄送商談中要使用的資料，屆時即使分享畫面失敗，線上商談也不致於中斷**。

我們可以提前告知對方哪一頁、哪張圖紙或設計圖特別重要，也可以在進行洽談當天，從對話窗發送訊息告知。

5「聽不清對方的聲音（對方的人數、場所、網路環境）」的解決辦法

最好的辦法就是直接當作線上商談的禮節，在**商談開始前，固定來一場雙方的「麥克風測試」**。

也可以在「2分鐘法則」的最一開始來進行這個流程。先主動確認「能清楚聽到我的聲音嗎？」再請對方發聲測試。

當同一個會議室中有多名與會者並使用麥克風揚聲器的時候，若沒設定好就會引起回聲噪音，此時即便與對方素未謀面也不用猶豫，請直接告訴對方目前的情況。

倘若你知道如何改善目前遇到的問題，也請直接告訴對方，比如「您設定『退出電腦音訊』了嗎？」

若是網路環境不佳，可能會遇到聲音斷斷續續或突然斷訊這種令人無力的情況，這時也應該要立即告知對方「我聽不清您的聲音」。很多時候只需要對方說話時靠近耳機的麥克風就能獲得改善。

順便提一下對方關閉相機的情況，這或許是故意為之，也有可能是初始設定就是關閉相

機，而他本人沒有注意到。委婉地提醒一次：「您的相機可能是關閉狀態……」也未嘗不可。

有些公司可能由於連線環境不太穩定，所以會要求在遠距會議中關掉視訊；有時候對方只是習慣性地關閉視訊。

當對方是出於某些緣由才關閉視訊，運用先前介紹的方法來確認對方反應，也不失為聰明的作法。

6 「同時開口造成尷尬」的解決辦法

基本上，不需要在意這一點，要明白線上商談本來就會發生這種情況。這反而是件好事，因為這表示對方有話想說、有事想問，才會有搶話的局面。

雖說如此，對於想解決這種窘境的人，我推薦可以使用「『my turn』、『your turn』話術」。

「my turn」、「your turn」就是「輪到我」、「輪到你」的意思，就像戰爭題材戲劇或電視節目中，出現用無線對講機說「〇〇〇，請講」，或者國外電影裡說「〇〇〇，over」的場面那樣。用「〇〇〇，請講」中的「請講」部分來製造留白。

當然，商談中**不需要說出「請講」兩字，只須意識到這種留白**，和對方同時開口的現象就會大大減少。

7 「說話和做筆記難以取得平衡」的解決辦法

如果專心對話，就無法兼顧做筆記，若專注於做筆記，使對話中斷稍微久一些，就會被誤以為「連線出了問題」。你不妨這麼做：**像平時一樣做筆記，但字要寫得比平時大，並且有寫得雜亂無章的心理準備**。

用匆忙、潦草的字跡寫筆記，最後在線上商談結束後設置一個**5分鐘以內的回顧時間**，用紅筆訂正自己也看不懂的部分就行了。趁商談剛結束記憶猶新時，那些凌亂字跡寫的是什麼，相信也能立刻回想起來才是。

由於需要這樣的回顧時間，以及為下一步行動作準備，我**建議線上商談的時間應控制在40分鐘**。我嘗試過各種模式，我最真實的感受是，60分鐘會感覺過長，30分鐘則太短。

保持在40分鐘一場，1天內也可進行更多場商談，應該可算是合理的時間長度。

8 「無法開內部會議」的解決辦法

當自家公司有多人各自從遠端參加商談時，如果無論如何都需要來個戰略會議，有個辦法就是**另設一個聊天窗口，在此商議由誰、怎麼回答問題**。

然而這個方法的前提是大家都習慣打字，能夠以此迅速交流，因此可能不適合非數位原住民的世代。

若是這種情況，不妨事先訂出規則，先約略定下每個人的角色分工，當遇到各自負責的範圍，就由負責的人來回答，而遇到超出範圍的問題，則由自家公司的會議主持人來判斷由誰作答。

STEP 3 電話商談篇
「卓越銷售力」培養講座

在這裡，我會將重點放在「電話銷售」上，與大家分享一些基本的內容。

1 電話商談的基礎知識

❶ 有些行業基於成本考量，而以電話行銷為主

這在B to C行業較為常見，當產品的客戶單價為數十萬圓級別，讓銷售人員親自登門銷售的話並不符合成本，因此從以前開始就有些公司會將「電話行銷」作為主要的銷售手段。

在網路出現之前，他們會在報紙和雜誌上刊登廣告，來吸引對該產品感興趣的領頭羊（潛在客戶）。然後再打給這些領頭羊客戶，從推銷到完成交易的整個過程都是透過電話來完成。

過去稱這樣的手法為響應式廣告，獲取客戶反應的單價、成交單價以及KPI、轉化率等思維

直到如今的網路社會依然被沿用。

❷ 用電話進行巡迴銷售天經地義

在BtoB的巡迴銷售中，有些行業也是主要透過電話進行溝通與洽談，而非使用電子郵件或面對面商談。

想用電話解決下訂單、確認庫存、要求報價，乃至諮詢技術問題，是因為這比其他方法更具即時性與高效率。

登門拜訪型銷售和線上商談都需要事先徵得對方的同意並約定時間，但是電話基本上不需要這一步驟，因此對現有客戶採用電訪銷售的效率更高。

❸ 內部銷售使用電話的成效亦高於電子郵件

本書第1章曾提及內部銷售和現場銷售；如今的普遍性作法是透過網站、線上廣告、SNS廣告等方式聚集潛在客戶後，再以電子郵件和電話等方式接觸客戶。

確認並提高客戶的興趣和重視度，是內部銷售的任務和責任。雖然我在前文寫「以電子郵件和電話等方式接觸客戶」，不過**要成功引導至商談、獲得客戶訂單，比起電子郵件，電話擁有更具壓倒性的優勢與成效。**

❹ 有些人比起線上商談更喜歡電話商談

從一些行業特性的角度，或受設備（可視訊電腦、平板電腦、智慧型手機等）所限，有為數不少的行業、公司、個人客戶根本不適合或「不能」進行線上商談。

或者有的客戶並不習慣使用線上工具，有些客戶則認為比起線上，還是喜歡用熟悉的電話來談生意，所以請擁有這項認知：**如果對方只有一個人的話，電話也是一個很好的選擇**。

2 電話商談的7個訣竅

想在電話商談中「立見成效」，需要一些小技巧，在此與各位分享。

❶ 致電時間掌控

(1) 掌握在一個月、一週、一天中的什麼時機打電話最有效

我們都想配合自己的行程來安排致電時間，但如果挑到對方有極高機率不在的時間，打這通電話就是單純在浪費時間。就算你知道對方的手機號碼，但如果只挑你方便的時間聯繫，想

必很多時候只會轉到語音留言信箱。

從以前便有致電的黃金時間是早上和傍晚的說法，不過**最好還是按不同行業、不同公司，問清楚對方分別在每月上中下旬、週幾、大概幾點最方便接電話**，掌握整體趨勢。

(2)—巡迴銷售請固定致電時間（定期聯絡）

如果是定期巡迴銷售，建議你事先問好對方方便以及不方便接電話的時間，以年、月、週為單位的業務旺季和淡季，**決定好固定的致電時間**。

定期聯絡其實比你想的還要有效，不僅容易維持生意關係，更重要的是能成為對競爭對手的有效防禦措施。

(3)—決定通話時間，避免過於冗長

常常看到有的銷售人員和客戶一打電話就是20、30分鐘，而仔細聽他談的內容，就會發現他們不是一直重複同一件事情，就是沒完沒了地說明一件簡單的事，或者明明看資料就能明白，還要特意用電話確認等，生產價值之低令人看不下去。

千萬不要誤以為通話時間長就等於「我在認真工作」。

不管怎樣，通電話本身便是一件占用對方時間的事，所以可將通話時間上限設為5分鐘，

避免過長時間的通話。

當然，如果是要在電話中向新客戶介紹產品、直接在電話中成交的話，用上20、30分鐘自然不是問題，但請避免和你的老主顧說太久的電話。

❷劇本×氛圍決定成果（禮貌的氛圍、柔和的氛圍）

此項僅限於對新客戶的電訪銷售，請先明白這個事實：電訪的成果**取決於你的劇本和通話過程中的氛圍，即禮貌的氛圍、柔和的氛圍等因素的相乘效果**。

關於劇本的部分，如同我在第3章介紹接觸談話的段落中所說，有沒有擬定好劇本，將使你的約訪成功率相差10倍以上。

然而，**即使是同一套劇本，說話者的氛圍與應答氛圍也會對約訪成功率產生偌大影響**。

有些人會不自覺地使用職業性語氣，用一種業務員特有的說話語氣和音調，彷彿在昭告天下「我每天都在電話服務中心打電話約客戶」，反而容易讓人產生警惕，拒於門外。

反之，高段位的人會以極度稀鬆平常的語調，比如像個家庭主婦、普通的阿姨一樣，帶著略微抱歉的語氣來打這通電話。

這招就是運用了先前所提的人格面具法則。

〈電話商談的7個技巧〉

最快的捷徑，就是模仿你身邊約訪成功率最高的人的氛圍和語氣。

❸ 語速放緩、聲量放大

這也是行之有年，電話銷售基礎中的基礎，**總之就是「慢條斯理」地說，**並且使用比平時略大的聲量。

這麼做的原因，當然是因為對方會聽得更清楚。

如果你是個會連珠炮似說話的人，至少要在一開始時將語速放緩。在習慣這種說話方式之前，寫一張「慢慢說」的備忘紙條，貼在一眼就能看見的明顯處也很有效。

❹ 切割成短句子

我在線上商談的段落中也介紹了盡量斷句的「短句話術」，這原本是一種在客服中心和以電話銷售為主的公司中用於培訓員工的技術。

在未能直接見到客戶的商談中，須比面對面商談更注重使用短句。就是我先前所說的語氣留白，電話約訪劇本上標記「／」的地方。

也許你會擔心這樣說話會不會顯得不夠專業，其實這麼做對方反而更容易聽清楚。請在練習時使用手機或平板電腦錄下自己的聲音來聽聽看。

❺使用「拋磚引玉法」

電話銷售的奧祕在於「拉長對方的說話時間」。為此，我們會使用「提問」這樣的溝通手段，但是過於唐突的提問，可能會比面對面商談更容易破壞氣氛。

因為在電話中無法看到彼此的表情，對方只能通過聲音語調、氛圍、所說的內容來判斷是要繼續聽下去，還是掛掉這通居心叵測的電話。因此，在「提問」時必須謹慎留意，此時「拋磚引玉法」便成為你強大的武器。

我在線上商談（第196頁）的段落已說明過「拋磚引玉法」，此處也是同樣的道理，**先說一個前置話題來「拋磚」，再由此詢問情況、提出相關問題、進行暗示性提問，就會有不錯的效果**。

至於這個「磚」，則可用小道消息、容易得到對方共鳴的事例等。

⑥「確認法」的效果顯著

「確認法」是面對面商談、線上商談都會用到的主流方法，在先前（第170頁）也解說過，這種方法在電話商談中尤其能發揮威力。

在致電給一位與你素未謀面，既無交情、也沒有信任關係的人時，直截了當的提問會有相當高的風險讓對方留下你「沒禮貌」的印象。

但我相信你已經明白，**只需加上一句鋪陳：「我想向您確認一下～」，就能扭轉為禮貌的印象**。

此外，我們也可以刻意與對方這樣確認：**「我〇〇這樣的理解對嗎？」**可以降低其實出發點就很失禮的推銷電話的「失禮程度」。

⑦心理建設

在撥打這些所謂的推銷電話、約訪電話時，如果我們自身抱持著愧疚這樣的「負面情緒」，事情就會被你自己搞砸。

購買與否的決定權在對方手上。即使你的產品真的比較優秀、更為便宜，最終判斷的還是對方，而不是你。

說得更極端點，對方有可能以你提供的訊息為契機，抓住改變人生的機會。從這層意義上說，我們**要自我暗示：「我是在做幫助別人的工作」**。

究其根本，電話銷售是一種尋找「想從你手中買東西的人」的行為。你自己就是商品，所以說怎麼能夠抱持著愧疚感。儘管對自己進行自我暗示吧。因為**業績斐然的人都是這樣心理建設的**。

第6章

客戶需要「什麼樣的提案」？

STEP 1

易挫敗情境之快問快答

～給有苦難言的銷售人員一些建議～

1 提報價需要時間（計價需要時間）

簡答

首先從大原則來說。無論是由銷售部門來報價，還是由技術部門、計價部門來估算，基本上「愈快愈好」。

然而有些時候可能因技術部門或計價部門的人員減少，或因為旺季業務過於繁忙、工作量飽和，又或者產品本身在規格或技術方面尚存在風險，在諸多因素影響下，讓客戶感覺「報價太慢」。

「提報價需要時間」的情況若是放置不管，除非你的產品極具競爭力，否則勝出的機率必定下滑，因此你需要的是在公司內部採取縱貫性措施。

也就是說，你的第一要務是**找出報／計價業務流程中的癥結點（包括個人問題在內），並以組織規模來解決這些問題**。

問題在於「由誰來做」這件事。這是一個橫跨銷售部門和計價部門的問題，我們也會面臨如果沒有上層指示便很難推進的現實。說到底，**報價、計價是一種極易被AI取代**的業務，我想在未來10年左右就會迎來一大革新。

因此，我希望無論是個人還是組織，能從現在開始思考「如何將報價及計價的時間減半或縮短為1／4」，並作為一項專案來看待。

而從一名銷售人員「能做到」的範疇來想，不妨試著**草擬一個能讓目前報價、計價時間減半的業務流程方案，再找相關人員來集思廣益，共同推進**。

2 幾乎都在講解服務內容，而非提出解決方案

用「假的提案資料」一詞或許是言重了些，但我的確時常看到有些銷售人員把那些可能會讓客戶暗自心想「這只是在推銷你要賣的產品吧」的內容，稱之為「提案資料」。

廣義上，產品推銷資料確實也算是提案資料，如果這份資料能讓你成交，我便無權置喙，但是很顯然地，能夠明確展示方案來解決客戶困難與問題的「貨真價實的提案資料」威力更加強大。

當然，如果你的產品或服務可以幫客戶每月100萬圓的成本降低20%，這個強項就足以成為你的提案資料；可是如果換成招聘成效未卜的求職網站文稿，你的提案「貨真價實」與否，就會出現明確差距。

無論如何，要成為當之無愧、能提高成交率的「提案資料」，前提是當中需包含「解決方案」、「新的切入點」以及「新點子」，這些能夠對對方「有所助益」的內容。

應該也有些行業「無法輕易地提出明確的解決方案」。

遇到這種情況，可以從微不足道的小細節下手。總之在你的資料裡，盡量針對對方的困難、課題、處境、未盡滿意之處提供解決方針，或是提升解決可能性的提案。

簡答

我們已有經過佐證的方法可正面解決這個問題，縮短做資料的時間。在此分享其中3個方法。

❶ 決定好做資料的時間

你不能照自己的速度來做資料。先預估製作該資料要花多少時間，決定要用60分鐘還是90分鐘來做這件事。

到了這個截止時間，如果你連資料的一半都沒完成的話，請就此暫停，去做排定的下一個工作。生產力高的人會**重新分配時間來進行未完成的部分**。

把每次花費的時間用時鐘或手機的計時功能記錄下來，就像記錄飲食減肥法一樣，這能讓你的做資料速度愈來愈快，試試看吧。

❷ 不要從零開始做資料

開一個空白畫面從頭寫起是無妨，不過還是盡可能地運用現有的資料和提案範本作為骨架吧。

除了用來攻陷客戶的關鍵部分，其餘能複製貼上的地方就盡量使用。

從這個意義上說，比起「做」資料，想成是「組裝」資料，或許更為貼切。

❸ 借鏡

這是十分傳統的作法：找你的前輩，或者同事也可以，**收集他們成交案件所用的提案資料，各擷取其中的一部分作為範例、榜樣來借鏡**。

當然，你也可以使用從網路上找來的範本，我也推薦去看看簡報設計資料集這類書籍、雜誌。

STEP 2

提案篇

「卓越銷售力」培養講座

1 提案資料製作步驟

許多公司或部門可能有自己的一套製作提案資料的傳統方法，而沒有類似方法的組織則可參考此處所介紹的法門。

❶ 擴散思維

首先想想「要將資料做成什麼樣子」，大致勾勒出整體想呈現的感覺。這一步驟的訣竅在於從「客戶的優先級別」、「主要概念為何」、「整體的流程」等切入點來擴散你的思維。做到你大致能接受的程度即可。

客戶的優先級別則可根據你在拜訪對方時所做的筆記和會議紀錄以及當時的記憶，抽出對

方反覆強調、格外有熱情的事項以及各項回答來抽絲剝繭、層層剖析。

沒有經過這種擴散思考的提案往往欠缺火候而顯得稚嫩，缺乏吸引力和決定性要素，因此嘗試多方思考相當重要。

擴散思維的具體方法包括腦力激盪、單人腦力激盪、條列出要點、心智圖、製作圖解、表格等，請選擇適合自己的方式進行。有個「整體約略輪廓」即可。

❷ 掌握客戶的優先級別，調整銷售內容

這個步驟也可以包括在前一個步驟「擴散思維」中，但是「客戶的優先級別」與「身為一名銷售員想推薦給客戶的產品」之間，必須先經過一番磨合。

在進行提案時，客戶想解決的問題以及客戶的需求與銷售人員想推銷的產品或解決方案出現歧異的情況屢見不鮮。

提案資料應該是用來介紹「可解決對方問題之方案的工具」，而不是用來推銷產品的銷售工具。

為了向客戶表明你深知此點，顧客心中的優先級別也是你必須徹底分析的重點。

在與客戶的談話中，問清楚他們所期待的功能特性、規格、成本、貨期、日程、彈性調整

等項目中，何者為優先以及他們權衡時首重的項目，然後反映在你的資料中。

❸ 設定企劃和提案的關鍵要點（KFS）

KFS（Key Factor for Success）顧名思義，就是分析成功（即成交）的關鍵因素，並以此作為提案資料的骨幹。

一旦缺少KFS思維，你的提案資料便容易令對方產生「隔靴搔癢」、「缺乏決定性因素」、「資料做得很棒，但不夠打動人」的感覺。

高成交率的提案資料就是因為明白這層道理，所以從一開始便圍繞著KFS進行。

這和一般常說的「提案的骨幹」、「提案的主軸」、「提案的核心」、「提案的關鍵」、「核心概念」是一樣的。

在①～③之後，接下來終於要進入提案資料的架構部分，當然你也能在①～③的步驟中同時組建架構（提綱）。

有的公司會將這種架構稱為提綱，也有人稱之為目錄、章節、流程，重要的是其中包含的內容，接下來就要加以說明。

2 想為你的提案資料加入什麼內容？～能說服人的提案資料結構～

這裡要說明製作具高度說服力與訴求性的提案時，應該將哪些項目加進你的資料裡。當然，各種行業與職場要製作的提案資料不會完全相同，所以這裡會舉最普遍共通性的例子來說明。

最後，我會在第232～233頁的圖表中分享其他事例，請根據你的銷售風格來改良使用。

❶ 現狀與其問題癥結

先從「現狀」開始，此處的重點為使用「對方用過的」關鍵字、單字和短句來表達。

絕對不要使用那種只在自己公司內使用的專業術語、內部術語，或是自己慣用的特定詞語。

一定要用「對方的用語」。

理由是這麼做能讓對方產生「共鳴」。

〈提案資料製作步驟〉

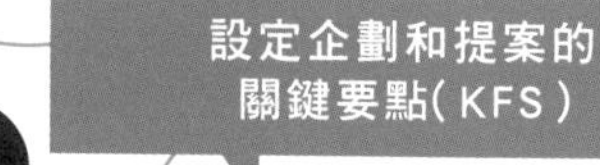

無論是誰，都會自然而然地對自己說過的話、說慣的用語產生「共鳴」，心無芥蒂地接受；反之，出現陌生的用語或單詞時，人們會需要時間來消化，或者應該說，沒辦法順利地進入腦海裡。

他們不會打開興趣與好奇心的開關，也無法留下深刻印象，甚至時間一久，連內容都遺忘得一乾二淨。

還有一點是：**盡可能真實生動地描述「現狀」**。

不要用普通的事例，而是盡量如實還原對方公司特有的現象，讓對方不禁大聲附和：「沒錯沒錯，我們公司就是這樣」。

緊接著的**高潮部分，請聚焦在當前面臨的**

問題點。將風險和壞處明確地告訴對方：如果放任問題不管，在不久的將來可能會引發多麼嚴重的事態。

你還可以在這裡加進其他公司的案例來增強衝擊力道。

掌握該問題點，恰恰是你的提案核心——傳達自家產品益處（客戶可得的益處）——的關鍵，所以說得愈明確，效果愈佳。

我在做銷售培訓時，經常會用棒球中的配球來比喻，假如自家產品的強項是150公里的快速球，即便再怎麼努力，也不會變成155公里或160公里。

如果照單全收，那就只能停留在這裡。

那該怎麼辦呢？用快慢速球穿插的配球技巧，令150公里看起來更快。換句話說，就是在投150公里的球之前，先投曲球或變速球等慢球。

在我進行銷售培訓的公司中，有些公司坐擁實力雄厚的成人棒球隊，來參加培訓的學員中，有些人就曾是棒球選手，聽他們說，即使球速高達150公里，如果提前知道是直球，也能擊出安打，但若快慢球交叉著投，他們的球棒連邊都擦不到。

換句話說，如果你的產品實力有150公里，為了讓它看起來有155公里或160公里，你所要做的**不是提升產品，而是提升對方「當前問題」的嚴重性，也就是說，將焦點放在**

「問題」上，說明你要提案的產品在解決問題上能產生多大的用處，如此更能奏效。

這裡若能加以整理，分析並推測是什麼樣的背景與何種原因導致問題發生，之後強調產品益處時，便顯得愈發合理。

❷ 提案目的

提出問題，引起了對方的興趣和重視後，不要急著拿出解決方案，而是刻意闡明你的提案「目的」（為了什麼而提案），提醒對方做好心理準備。

這麼做可讓對方的腦中更清晰浮現出終點，當起點和終點都已經備妥，「提案」這個中間過程自然更能被客戶所接受。

簡單說，你營造出一種「讓人想聽箇中奧妙」的氛圍。

❸ 提案概要

這部分開始要進入提案的內容，**進行順序是「整體」→「個別項目」**。

首先，使用圖表或視覺呈現展示提案的整體面貌，接著解說「個別項目」。「個別項目」介紹時的鐵則是要依照對方認為的重要度依序介紹。

請注意將「**對象、內容、方法**」明確表達清楚。

❹ 帶來的效果

為了增加說服力，明確展示出你的提案的預見效果也很重要。若能以量化展示再好不過，如果做不到，用「同規模的項目中，成本最多降低了30％」、「半個季度裡新案子增加了10％」這類績效來說明，也是一種辦法。

如果難以用定量表達，也可以用定性說明，但是**盡可能使用與對方相近的行業、業態或規模的事例來表達，才好讓對方明白是什麼樣的效果**。

❺ 實施排程

為了讓對方對於引進的**時程擁有大致概念，可以透過圖表或進度表呈現**。

另外，有時候也會發生對方有意購買，商品卻來不及供應的情況，因此別忘了衡量自家公司的貨源以及訂單量來製作這個時間表。

❻ 費用

如果有必要在提案資料中提到費用，**先放上估算即可**，讓對方對費用有個大致上的概念就可以了。

⑦ 附錄

不知是因為簡報工具更加豐富了，還是因為如今已經是數位化社會的緣故，以前不到10頁的提案資料，如今甚至可多達50多頁。**如果提案資料超過10頁的情況，另外製作1頁「摘要」**也可為你解套。

超過10頁的提案資料，對方肯定會看得相當疲累，你也可以為資料加上目錄，並像寫論文一樣，將其中的材料和數據與正文分開，**放在資料最後做成附錄**。

其他結構範例

我另外整理了2種可用於銷售提案資料的結構範例，一是近似歸納法的「分析型」（第232頁），和近似演繹法的「推展假設型」（第233頁），請作為優化提案資料時的參考。

此處從「導言」、「正文」、「結論」來說明要項，讓你更容易理解「分析型」和「推展假設型」的結構差異。

〈分析型提案範例〉

區塊	項目	內容
導言	方向性	提案的定位
	明確揭示目的	自家公司可以如何幫忙解決問題

區塊	項目	內容
正文	背景	現狀，正在發生的事
	問題結構	引發問題的原因
	解決問題的假設	推測解決問題的「正確解答」
	解決過程	邏輯性描繪解決問題的路徑
	自家公司的強項	提出自己公司的優勢
	未來願景	描繪問題解決後的模樣
	案例介紹	提供讓對方具體想像的材料

區塊	項目	內容
結語	總結 1	重複重點
	總結 2	攻心

〈推展假設型提案範例〉

導言	切題	引起對方的興趣和重視
	明確揭示目的	主題＋強調自家公司可以如何提供幫助

正文	明確揭示分項 1～n	介紹構成主題的各大項目
	解說分項 1	展示各項的證據 使用視覺、圖表等幫助理解
	解說分項 2	
	解說分項 3	
	解說分項 n	
	案例分享	相近案例尤佳
	行動計劃	分享下一個步驟（包括大致引進時程）
	費用	明白寫出大致花費

結語	總結 1	重複各分項的要旨
	總結 2	攻心

3

構思提案的訣竅

在提案這件事上，有些行業可能需要發揮創意，相反地，有些情況則需照著一定的模式，如何根據自己的情況去加以優化就成了關鍵所在。

由於這些不同背景，構思提案的技巧也多少出現了差異，在這裡要說明在不同行業也可以通用的技巧。

首先你要知道，**提案能力並不是靠「天賦」**。我們的確經常聽到「某某人很有提案天賦」這種說法，然而嚴格來說，這並不是用一句「天賦」就能簡單概括的事。

我會這麼說，是因為**提案能力是一種綜合實力**，是你曾寫過的提案資料、看過的企劃資料、讀過的書、寫過的文章，再加上對客戶的敏感度、對客戶的重視、服務精神等各項因素的總動員。

被誇讚「想法新穎」、「思維獨特」的人，通常有長年累月積累的龐大閱讀量和素材在支撐著他。

如果你稱之為「天賦」，說明你並沒有正確看清它的本質。我之所以在此大膽地否定「天賦」論，是因為**只要掌握方法，任何人都可以在短期內提高提案能力**。

❶「草案」的概念

我在STEP1中也提到過「不要從零開始做資料」，在製作提案資料時，不要從「零」開始做起，請先準備一個能作為基礎的「草案」。

這個「草案」最好是用自己、前輩員工或上司曾經使用過，並且實際成交的「獲勝範本」作為基礎。

將這個「草案」配合本次的客戶情況來整形加工，即可在最短時間內製作出最強的提案資料。

❷儲備想法題材、範本（骨架）、草案

平時就要將「覺得不錯的點子」、「可能用得上的圖表」、「小道消息」等資訊加以儲備，以便隨時取用。

有些公司會在伺服器空間裡設立共享資料夾來放置資料，結果資料量日益膨脹，也是會有搞不清什麼資料存放在哪裡的問題。

如果有好的想法，請準備好隨時和周圍的人分享，自己也要將內容妥善管理，免得臨時找

不到地方。

❸「切入點」思維

提案資料吸引人與否，可說是取決於「切入點」。也就是用什麼樣的「切入點」來向客戶提案。

事實上，說自己不擅長製作提案資料的人，可能是認為一定要靠自己動腦創造這個「切入點」。

當然你也可以平地起高樓，但實際上並沒有這麼單調，你還有尋找、發想、製作、組合、應用、借鑒、抄襲、模仿……等千方百法。

老實說，「A乘以B」、「組合」、「借鑒」的情形應該要來得更多。此時的要點在於你「抽屜裡的資訊存量」。

不過，即使你的抽屜裡存貨不豐富也不必擔心。這時候只要找身邊有豐厚存量的人問問就解決了。借別人的腦袋來用吧。

第7章

優秀銷售員的行銷簡報與結案的鐵則「僅此而已」

STEP 1

易挫敗情境之快問快答

～給有苦難言的銷售人員一些建議～

行銷簡報

1 找不到簡報的新「切入點」

簡答

最快的解決方法就是**不要試圖自己埋頭思考**。可以請教周圍的人，向擅長開闢新切入點的人尋求建議。

因為銷售的職責是「賣東西」，極端地說，用借來的切入點做簡報並無傷大雅。

因此，你必須去了解公司裡擅長做簡報的人在發表時使用了何種切入點。

請務必要求他們讓你看看簡報資料。如果可能的話，最好能讓你一同列席觀摩他們如何發表，**無論是線上還是實際的發表場面，擁有愈多接觸機會愈好**。

當然，能自己想出切入點再好不過，如果你選擇這麼做，可以先找一些候選的切入點，從中尋求靈感。

我推薦你看看**商業書籍的標題。尤其可以參考暢銷排行榜上的書籍或暢銷商業書刊的標題、書腰上的宣傳標語**，也會有不錯的效果。

同樣地，你也可以從雜誌特刊的標題和副標題中挖掘出近期的流行趨勢，以此作為切入點的靈感參考。此時你可以擷取幾個詞嘗試各種排列組合，摸索推敲出可確實引起對方關注的切入點。

重要的是日常思考這些問題的次數，從平時養成收集切入點靈感的習慣。

2 簡報內容尤其容易繁瑣（冗長）

⬇擔心表達不到位而增添一堆補充……

簡答

如果你斷定對方「沒聽懂你的重點」，可以加上補充說明，但是最好**先預判哪個部分會**

「較難表達清楚」，提前準備好幫助理解的表格、視覺圖、範例，做好充足的準備。

此外，如果是在簡報現場發現對方「沒聽懂」，則可嘗試改變傳達的「切入點」。

當然，再三強調你的最關鍵要點並不為過。

簡單明瞭地傳達是最基本的，但是如果對方「沒聽懂」，你**也可以試著轉換切入點，並反覆補充說明，直到對方明白為止**。即便銷售人員自己都感到「內容太繁瑣」，只要客人能充分滿意，倒也不用在意。

如果你會介意內容太長，建議你帶著「一言以蔽之……」的心態來發言。

3 給對方留下壞印象時，不知該如何補救

理論上，你可以「**製造『加分項』來蓋過不好的印象**」。「加分項」可以是對對方有益的情報，也可以是給對方帶來靈感或啟發的事例。

實際上，「印象不好」雖然對於銷售員來說是個硬傷，但是我們可以輕鬆扭轉在商談時不小心造成的「負面印象」，所以不用太過擔心。

假如你不小心讓對方留下了壞印象，使氣氛頓時凝重了起來，可以試著將話鋒一轉，**開始講些使對方「受益」的情報、可提供靈感的話題**，那些留下的「負面印象」是可以瞬間被扭轉的。

結案

1 施壓力道不夠，致使結案過程拉長

不善「施壓」的人，請勿將其理解為「施壓」，而是**學習各種結案的方法（STEP2中將會說明），善用自己能駕馭的方法、「話術」來收尾**。

當然，擅長「施壓」的人也可以學習更多的結案方式，擴大自己的守備範圍後，即可進一步提升業績。

「STEP2」中會盡可能說明多種結案方法，請選擇最適合自己的方法來試試看。

2 不敢催促客戶

不要催促，而是一開始就設定截止期限，並輔助客戶在此期間內作出決策。**不要建立「決策方」和「催促方」的對立關係，應該要與客戶朝著共同方向，協助完成共識決策**。

也許可以用「共犯」這種概念來稱之。

「沒有結論」和「作不出決策」都有其相應的原因，一定是在某個地方遇到了瓶頸，才會無法進展。

可以想辦法問出問題癥結，以「共犯」的立場和對方一起解決這些問題。

STEP 2

簡報與結案篇

「卓越銷售力」培養講座

1 客戶眼中的「出色」簡報

此處將介紹在競爭中勝出以及順利成交者的3種簡報模式，請選擇自己較容易駕馭的方法，試著用這些方式來發表你的簡報。

❶ 具備讓人忍不住動容的要素：「提案」、「額外加分」、「新穎」

比起簡明易懂地介紹自家商品和服務，最厲害的還是更進一步，**提出讓對方想鬆口拜託你的「提案」**。

然而實際上也確實有些業界難以光靠「提案」來分出優劣。如果遇到這種情況，可以嘗試在競爭對手可能提出的內容中，加入一些「額外加分」的要素，無論再怎麼細微，只要能讓人覺得「耳目一新」即可。

❷ 感覺有可能解決問題和困難

對方最期待在簡報中聽到的，還是你如何幫他們解決公司面臨的問題和困難，所以你的簡報必須令他們確實感受到問題有可能被解決。

簡報內容中必須存在會令他們感覺到有望使業務效率提升、成本降低、銷售額增長等**「有益預兆」的高潮**。

❸ 具備吸引人的要素

簡報發表同時也是一項試圖打動對方的行為。廣告業稱之為**消費者洞察（使客戶想購買的動心點）**。

從這個意義上來說，只要簡報內容中有一處是吸引人的，有提示性、參考性或抓住顧客目光的視覺圖、表格、關鍵詞，由這些因素導致成交的例子也並不少見，所以我們可以反過來，試著從這些面向來作簡報。

2 發表前應掌握的重點

可能有很多銷售人員不需要我在這裡提點，在構思自己的簡報結構時便早已落實了這些事項，不過我仍然要囉嗦地提出2項希望大家留意的點。

一是**在把握客戶特性的基礎上準備你的發表內容**，二是**把握好自己公司的定位**。

首先是客戶特性，**要把握對方的公司特性、企業文化、組織文化**。比方說，對方公司的意見傳導是注重由上而下還是由下而上？喜歡新鮮事物還是相對保守？傾向內製還是外包？

如果有辦法，最好也了解一下他們衡量成本和附加價值時的比重。

假如此類情報不易獲得，可以參考對方的「公司歷史」。不是單純瀏覽該間公司的歷史沿革，而是細讀慢品。如果對方公司的規模不小，你說不定可以在圖書館找到相關資料，還有許多公司會在官網中介紹公司歷史，在求職網站上找相關訊息也很方便。

最關鍵的品讀公司歷史的方式，就是**尋找該公司的轉振點**——他們如何實現飛躍、如何克服不景氣的危機局面等，**並想像當時的開發部門、製造部門或銷售部門的員工是何種模樣**。

此時若能對其**感同身受**再好不過。若能成功投射情感，你將能更深度理解對方的公司，而非只看膚淺的表層，可以令對方留下「這個人很了解我們公司」的印象。

如果還能事先掌握與會聆聽者的個人資歷，你的發表勢必會有更強的力度。

不只是與會人數，還希望能先探聽清楚他們的職位、部門、約略年齡等資訊。

當然，如果能夠事先掌握誰是關鍵人物、誰比較推崇我們公司，誰又比較支持我們的競爭對手等情報，你會更容易知道如何組建幫助你成為最後贏家的發表內容。

下面要說明第2點，自己公司的定位。對方是興趣十足還是意興闌珊，理應使你採用完全不同的立場來作這場發表。這裡要分享6種不同的情況以及各自的注意事項。

❶ 當對方興趣十足、高度關切時

這是最理想的狀態，**正常發揮**即可。

❷ 當對方興致缺缺、不甚關切時

為了提高對方的興趣和關切度，最好在開頭談及一些對方的客戶、競爭對手的動向或者客戶所在行業的最新案例，**盡可能提升對方的熱度後再開始發表**。

❸ 貌似自己是「砲灰」時

若這是一項大型專案，而你感覺有八成機率是你的競爭對手會雀屏中選，自己則是「砲灰」，那麼不如**直接放棄商談，建議你過一段時間（如半年後）再捲土重來**。

「在下一期的展示會中各公司都會推出新產品，傳聞有多家公司會公開全新機型，您不妨等個半年左右再來考慮。現在因為新冠肺炎疫情的影響，很多公司也正在觀望。」這麼說便差不多了。

當然，你不能說謊或者誇大事實，請說一些各產業聽了會欣然認同的內容。

❹ 過去曾發生糾紛時

專員銷售和巡迴銷售會碰到的最大難點，就是「過去的包袱」。一個沒處理好，可能就會發生13年前當時的銷售員「溝通作得太差」導致雙方發生糾紛，客戶便從此一直告誡員工們「不要用某某公司的產品」這種事。

遇到這種情況請不要逃避，**不妨將「學到的事、作了什麼反省、後來體制做了何種改變，實際遇到問題時的應對方法」放入發表內容，並依照你的發表主題排定說明的優先度**。

❺ 對方忙碌時

除了簡報資料外，**再另外準備一張內容摘要**吧。

摘要中應包括3點：闡明採用後的好處、相對資訊以及性價比等數值依據。忙碌的人更喜歡簡單明快、易於比較、可用定量來判斷的東西，這麼做便是在暗示：「因為知道您很忙，所以專門另外準備了『薄薄的一張』給您」。

準備好摘要後，內文也做成簡明扼要的結論前述型資料，在問答環節時再伺機讓詳細資料登場，也是一種方法。

先是一張摘要，再來是簡潔的簡報資料，最後在問答環節使用完整版本，只在必要的時候使用相關部分。

❻ 與對方不合拍時

一般普遍認為雙方意氣相投時，成交率會更高，然而不可思議的是，若說「與對方不合拍時」的成交率會降低，倒也不見得。

明明初次拜會客戶時感覺「好像和對方合不來」，之後對方卻不斷下訂，甚至還發展成大宗訂單的情況並不少見。

總的來說，**是否與對方意氣相投，與成交率並無關聯**，所以不要先入為主地認為「合不來就接不到單」，以平常心來對待方為上策。

是否意氣相投、合不合得來都是個人的感覺，並不是我們做些什麼就能立刻改變的事情，不去在意它才是明智的做法。

3 簡報結構重點與簡報時的文法 了解「AIDA法則」

簡報結構的要點，我最推薦的就是「結論前述型」。先下「結論」，然後列舉「其中因素有3點」，再逐一陳述，這樣的簡報流程聽者最容易理解。

下面舉一個大略流程的範例。

1. 整理現況
2. 提取問題點（問題的背景、形成因素和因果關係）
3. 提案的目的
4. 解決方案與提案

5. 解決方案與提案帶來的益處（包含定量訊息）
6. 引進案例與類似案例
7. 時間計劃→成本
8. （視情況列出）與競爭對手的比較表

在擬定簡報流程時，建議一併運用「**AIDA法則**」來增強簡報的衝擊力。

「AIDA法則」是由Attention（引起注意）、Interest（引起興趣和重視）、Desire（引出欲望）、Action（引發行動）的首個字母組成，是出現於1920年代的美國廣告行業與銷售行業的概念。

換言之，請**思考要在簡報中哪個部分引起對方的注意，接著如何將其提高為興趣和**

〈簡報文法「AIDA」法則〉

重視，又要如何進一步將其上升到「想引進產品」的高度，將這些精心融合進你的簡報流程、使用到的幻燈片以及所選的視覺圖中。

4 怎麼製作打動客戶的簡報資料？

伴隨著網路＋數位化的發展，簡報資料也有了明顯的轉變，但與此同時，不知是不是因為從書面換成了數位檔案的緣故，資料的頁數一年比一年增加，想必有這種感覺的不只有我一個人。

不過，製作高成交率簡報資料的原則並沒有改變，在此將解說7個要點。

❶ 運用視覺圖像

盡量**壓低文字量**，多使用圖解和照片等視覺圖像、圖表、表格、插圖等，更容易幫助對方理解。

此外，最近**在簡報資料中使用影片也變得更為方便**，想讓簡報更生動時不妨多加利用。

❷ 用數據展現行銷重點

「數字」在簡報中比其他任何元素更有說服力。定性式的表達也許能提高對方的興趣，但它們通常不會是客戶選擇自家公司的決定性因素。

用「性價比」等定量——即數據來表達，通常可以將客戶的「興趣」轉換為「想引進該產品試試」（Desire＝欲望）的想法，所以**請務必將數值依據放進你的簡報中。尤其是面向經營者發表時，絕不可少了數據。**

「可以降低成本」和「最多可以降低30％成本」，相信明眼人都知道這兩種說法的說服力有什麼差別。

❸ 準備對比版本

我們人類的認知功能就是如此。**比起單一評價某項事物，與另一件事物比較下的相對評價更有助於我們判斷。**

你的簡報當然也要利用這個特性。因此，銷售工具和提案資料中要使用「比較表」。

有時是用來和競爭對手比較，有時則是和自己公司的舊型號作比較，如此也能有效展示產品規格上的差異。

④ 貼近對方的用語

比如，很多行業會將「實地調查」和「實地調整」簡稱為「實調」，另一方面「設計變更」這個詞，有的行業不會簡化，直接稱為「設計變更」，而有些行業則會簡稱為「設變」。

應該在簡報中使用多少行業術語的確讓人猶豫，而基本原則就是：**使用對方在之前商談中用過的詞語來作簡報**。

理由是這樣最容易傳達，還能將歧義減至最低。

同理可證，在簡報中描述問題和課題時，也要重複使用對方用過的詞語來表達。

⑤ 穿插事例

在發表簡報時，展示產品的功能特性和技術優勢相當重要，而**比起一板一眼地說明功能特性，舉事例說明更容易浮現畫面，也會加深說服力，對方感受到的吸引力也會更高**。

理想的事例是同行業，並且最好是比客戶公司的規模稍微大一點的公司。只是這樣的理想事例比較難得，我們可以優先介紹和客戶具有某種共同性的案例，比如同行業規模稍小的公司，或者規模相當的其他行業公司。

此外，**發表事例時請著重產品引進背景、引進理由、效果、費用、性價比，請做好萬全準備，生動地描繪這些內容**。

當然，如果因為保密協議等原因無法公布公司名號，請使用假名，將案例中公司的業務類型和規模表達清楚即可。

又或者，即使這次的專案沒有直接相關的案例可分享，可以在結尾處列出「自家公司在其他方面的建樹」，即可當場作起交叉銷售，或為今後埋下交叉銷售、向上銷售的伏筆，不妨試試。

❻ 簡報資料頁數的「1-3-∞法則」

簡報的方式從拿著紙張資料，進化到用投影機、手持設備或線上簡報，在進化的過程中，簡報資料的頁數不斷增加，甚至超過50頁都不稀奇。

在使用紙張作簡報的時代，我在瑞可利被灌輸的是「1-3-∞法則」，即依照聽眾來決定資料的頁數。最初的「1」是**面向經營者作發表時，資料應為一張A4或A3大小的紙，且必須包含數值依據**。

接下來的「3」是**面向部長層級作發表時，資料應歸納在「3頁左右」為佳**。最後的「∞」則是面向業務負責人。這是為了**讓負責人被管理層級或決策層級提問時，可以隨時從資**

〈3種簡報資料！〉

1-3-∞法則

依照聽眾來決定資料頁數，讓成交率三級跳

1張摘要

受眾：經營者、社長

內容限縮在最想說的重點，必須加上數值依據
（總結重點）

簡潔的3頁

受眾：部長層級

總結要點，放進作決策所需的訊息
（總結重點）

完整版本

受眾：負責人

負責人被管理層級或決策層級提問時，可以從資料中找出答案
（總結重點）

料中找出答案，因此內容愈詳盡愈好，30頁甚至超過50頁都沒關係。

那麼，現在這個不用紙，而是以數據投影為主的時代又該怎麼辦呢？

面向管理者的「1」和面向負責人的「∞」不變，問題是面向部長層級的「3」。我建議大家將此頁數控制在最多9張。

簡言之就是把總頁數控制在「個位數」。這是因為**面對決策者或實質上的關鍵人物——部長層級時，我們需要在資料中總結要點，並且放進作決策所需的訊息，「個位數」的頁數便是極限。**資料若再增加，就可能被對方嫌棄，覺得「細節去和負責人說就行了」，恐會有被認為思

慮不周的風險。

❼ 神藏在細節裡

這也是我的各位前輩灌輸給我的觀念，在此分享的意義，是想將這個理念傳給下一代。這項理念就是：「謹慎留意」簡報資料的細節。

例如，**錯漏字這類的檢查**自然不必說，**還要對應行業喜好——喜歡使用片假名的行業、希望使用政府用語的行業等，必須在同一頁放2張圖片時要對齊上下左右，以及盡量不要使用超過3種顏色**等等。

5 讓客戶起意購買的簡報技巧

我會先介紹簡報（Presentation）的詞源，再介紹5項可讓對方產生購買意願的表達技巧。

簡報（Presentation）的詞源是「禮物（present）」。就是那個朋友生日和母親節時我們會送的「禮物」。禮物的內容當然是最重要的，但同時我們也會考慮一些用心的細節，比如包裝紙、緞帶、留言小卡等。

如果用你送的東西來比作你想傳達的事項，那麼為了讓對方印象更深刻而安排的細節部分就是你的簡報。從這層意義上來說，簡報並不等同於「說明」。

接下來，我將介紹一些可以令人留下深刻印象，激發對方購買意願的簡報技巧。

❶ 說故事

前面我們一直反覆強調「定量」、「展示數據」，不過**真正厲害的是說故事**。

舉個能讓最多人看懂的定量化例子：比起說「iPhone 12的128GB儲存空間」，你不覺得「可以隨身儲存○萬首歌、○○部電影」的講法更吸引人嗎？

這是因為用敘事方式更能讓人浮現畫面，所以容易被吸引。而且，**人們能更完整地還原那些自己曾出聲讚嘆的事**。

換言之，假設你向對方的部長作簡報時，該部長發出了感佩讚嘆，他便有可能用不遜於你的熱情在董事會上轉述。**董事們聽了之後也深受感銘，自然便提高了成交率**。

❷ 講述客觀評價

這也是發表時需注意的一點。銷售人員再怎麼口沫橫飛地闡述自家產品和服務的好，也無法擺脫是在「老王賣瓜」、「自吹自擂」這一點。

所以**在闡述讚美的話時要換個發話者**。例如，「在T汽車品牌的某某工廠中，我們的產品也因為×××的緣故獲得好評，即刻獲得了採用」，想必你已經發現，如此以客觀評價來講將更具說服力。

許多公司在自家官網放上使用自家產品的公司LOGO便是這個道理。

❸ 描繪大於說明

發表簡報時，比起說明你的內容，增添一些情節描繪可帶來衝擊性，令對方留下深刻印象。

譬如，將「新員工阿廣帶著他獲得的第一份訂單回來了」這句說明轉為場景的描繪，就會變成：「聽到阿廣喊著『拿到第一份訂單了！』衝進來時，課長幾乎在同一時刻興奮地高舉起雙拳」。

很顯然地，**情節描繪更容易令人產生畫面，留下印象**。

同樣是在銷售的過程中，將以下說明：

「這款SFA（銷售自動化系統）不僅可明白看出銷售數值進度、專案進度，還可將銷售人員的日常業務可視化。」

轉換為場景描繪：

「一線人員抱怨『鍵入資料進SFA對成交沒任何幫助』，經理層級抱怨『只是增加了管理工作，反而擠壓了拜訪客戶和指導部下的時間』……這套系統就是設計來回應這些員工心聲的。」

這樣描繪情景般的敘述，你不覺得更能激起共鳴，讓客戶發現「我們公司好像也有這些問題……」嗎？

當然，我們不可能用描繪的方式說完整份發表內容，只需要**在講述案例或客觀評價時，將客戶台詞這些部分重點詮釋一番，就能夠讓聽者產生畫面感**，下點工夫試試吧。

❹ 總結成3點

這是歐美學校課堂上做為一種簡報技巧來教授的「神奇數字3」概念。

事實上，我曾經問過教簡報的澳洲講師「為什麼是3個？」他回答：「是聖父、聖子、聖靈……」。

這似乎是基督教的「三位一體論」，不過即使非基督教圈，**就像相機的三腳架擁有最佳穩定性一樣，簡報內容也是總結為3點最「整齊」**。

並且有「3」項的話，也能將其兩兩比較，必然能得出孰輕孰重。

舉例來說，即便你只能舉出自家產品的2項特色，也要加上第3項，哪怕第3項稱不上是特色也要放入，這樣可以更加突出前2項特色。

反之，當產品有4項特色時，你也可以用「故意將其縮減至3個」的技巧，起一個「三大〇〇」的標題，再將第4項作為補充。

當然以「四大〇〇」、「五大〇〇」也沒有問題，只是論張弛有度，「三大〇〇」豈非更有效果？

❺ 前半場定輸贏

總的來說，請讓你的簡報發表在前半場便勝券在握。**如果你一共要發表20分鐘，就把決勝重點放在前10分鐘，如果你的發表是10分鐘，就放在前5分鐘。**

不要把好牌留到最後，而是一開始就全秀出來。

理由是，你的聽眾只會在簡報發表的一開始保持專注。倘若一開始沒有能夠「引起興趣」的內容，他們就會聽得愈來愈心不在焉，應付了事。

反之，如若一開始就接連3項「值得關注」的內容，他們自然也會認真傾聽後面的內容。

像「灰姑娘」這類的**小說和電影總將高潮放在結尾**，但你要知道，**簡報發表是在前半場定輸贏**。

6 究竟要如何提升簡報實力？

首先請不用擔心，世上已經存在一套能夠提升簡報實力的方法。**這方法就是：持續接觸優秀範例，盡量模仿其中可借鑒取用的部分，直到它完全變成你自己的東西。**

假如公司中有擅長簡報的前輩、上司，就向他們取經，模仿其優秀的部分，若公司裡找不到合適的人，找YouTube影片學習也無訪。

具體的訓練方法為角色扮演。除此之外，很遺憾，尚未有其他方法問世。

所謂的角色扮演，即分別扮演客戶與銷售員角色，重現實際銷售場面，結束後請評論者或扮演客戶者給予回饋，告知「表現不錯的地方」與「有待改進的地方」的一種訓練方法。

順便告訴大家，被譽為擁有強悍簡報實力的公司，都會在正式發表前模擬實際狀況，反覆進行無數次的角色扮演與回饋改善後才正式登台。

就好比棒球或足球的名門強校，也同樣積累了多種強化選手能力的訓練和練習法的知識法門一樣。

簡報發表和銷售業務不同於運動，沒有對體能或身高等身體能力的要求，只需透過練習就可輕鬆進步。

況且，現在人手一支智慧手機、平板電腦，因此很輕易就能錄下與回放自己的銷售過程。有了這些工具輔助，**一個人的「假想角色扮演」**的效果也會顯著提高，請務必一試。

至於進階者，我建議可作一些無資料的發表練習，或是假設資料未能打動對方時的即興反應。

7 結案的意思與成功簽約的思維模式

論銷售的最高潮，自然非「結案（成交）」莫屬。

因為即使你在接觸、提問、簡報的階段都拔得頭籌，一旦栽在這「結案」上，迄今所做的一切都將化為泡影。

事實上，有太多公司都是一路領先群雄，最後卻敗在「結案」這一階段。

從這角度來說，它的重要性可比之小說、電影最後一幕的「高潮戲」，而**「善於提問卻不善結案」的人實在很多**。

至於「結案」這個詞，英語為「closing」，也就是「總結」、「終結」的意思。

職業棒球比賽中，會把獲勝隊伍投出最後一輪的投手稱為「終結者（closer）」，而在銷售術語中的「結案（closing）」指的則是銷售業務流程的最後一個階段：「簽約」或「成交」的意思。

廣義上來說，我們也在實際銷售業務中將這個詞用來指稱「促使客戶同意提案內容和價格並進而簽約的行為」，說更廣泛一點，還要在前頭加上「從競爭中勝出後，導向成交的收尾過程」。

這項「收尾過程」裡，就包含了導致「善於提問卻不善結案」這樣美中不足現象的重要銷售因素。

成堆的理由讓多數人在結案時產生猶豫，譬如「催促、逼著客戶簽約沒禮貌，很難看」、「因為我方的需要而催著客戶下結論，總感覺不太對……」。

這種為遲疑不前辯護的理由可是說也說不盡。

但是，問題的本質並不在於「擅長」與「不擅長」結案，或是「能夠當機立斷」與「總會猶豫再三」的二元論問題。

也是有方法能夠讓那些強烈以客戶為本、性格內向、不善結案的人**毫無壓力地進展至簽約，問題只在於他們知曉這種「說話方式」與否。**

這與銷售人員的性格無關。

任何行業都存在一些即便開口催人當天下單也無可厚非的理由，或者說藉口。

當然，向客戶開這個口的用意並不在當天拿到訂單，而是**想知道「接不到單的理由」**。

譬如今天一家ＩＴ公司對某客戶提出了５２５０萬圓的報價單，隨後的結案過程就可以這樣說：

「酒井部長，不好意思，我這裡有個不情之請，如您所知，其實目前因應遠距工作需求的系統開發專案量暴增，敝司現也面臨嚴重人手不足的情況……。恰巧有個專案會在下週結束，如果您今天可以用內部同意的形式給我一個答覆，我現在就可以打電話回公司確保人手……

當然了，您可以在貴公司正式審議之後再給我正式訂單，今天就先以部長您個人給出非正式的答覆……」

你想得沒錯，對方不可能直接說「好的，我明白了」，讓你歡喜收場。

「現在這個法規至上的時代，我怎麼可能給你什麼非正式的答覆。你也知道我手裡沒有多少決定權吧。既然你都說到這個份上，我也實不相瞞，我們能夠拿出來的預算只有５０００萬圓……」

從上述對話，便可清楚得知你將無法以報出的５２５０萬圓價接到訂單。

整個結案的「收尾」就是在掌握成交的瓶頸所在，研擬「下一招」來解決問題，你當然要因應問題癥結採取下一步行動。

例如「５０００萬圓嗎……我們這邊給出的已經是最低價了，現在以我的權限沒辦法再壓低了……。不過，如果調整一下交期、人手和規格的話，說不定可以壓到５０００萬圓以內，我先回公司和上司商量一下。如果明天來和您說結果，請問下午的時間您方便嗎？」

相信你看出來了，**如果不進行上述結案交涉，只說一聲「等您的好消息」就直接打道回府，５２５０萬圓的訂單便會成空**。

這豈不是令人扼腕、遺憾萬分嗎？

但是，如果作了上述結案交涉，你還留有以５０００萬圓左右成交的機會，將時間拉長到一年來看，大概也會有幾次的訂購。

屆時這些都會算入你的銷售業績，你的銷售數字也會有固定的進帳。這就是優秀銷售們的標準結案方式。

此外，不同行業會存在一些不同的結案話術，請務必試試看。在下一頁中，我會再分享一些不同的結案方式。

重點
最正統的結案說法。
如果是肯定的答覆，則可繼續催促對方給出非正式同意或正式下訂，若對方是經營層，可直接要求簽訂單。
在 B to C 中，金額愈大，「原來如此」這句話出現得愈頻繁。對仍在猶豫的對方特別有效。
作為結案話術的氣勢雖然比較弱，但會讓對方比較容易回答，可由此探聽是否有希望。
為了使出「下一招」，從競爭對手中脫穎而出，運用此話術來獲取情報以分析當前對方猶豫的因素，如價格、規格、交期、功能特性等。或許對方會爽快地給出非正式同意也不一定。
慣用話術，給出了「稀有性」的明確藉口。
經典話術，一邊暗示「交期」並催促簽約。
對方是決策者時效果尤佳。
先不要明確討論價格或提案內容，而是探問個大概，再逐漸限縮談判的關鍵要點。
單刀直入地問，通常也能獲得直截了當的回答。獲得新情報後再重新準備結案。
從經濟合理性的角度出發，相當聰明的話術。

〈結案話術集〉

說話方式
「如果說目前的內容和價格都可以接受的話，今天能否請○○部長您先給我一個非正式的同意答覆嗎？」
「○○部長（社長）您個人是怎麼認為的呢？」
「不如就這麼定了吧……？」
「您覺得怎麼樣？」
「酒井部長，不好意思，我這裡有個不情之請，如您所知，其實目前因應遠距工作需求的系統開發專案量暴增，敝司現也面臨嚴重人手不足的情況……。恰巧有個專案會在下週結束，如果您今天可以用內部同意的形式給我一個答覆，我現在就可以打電話回公司確保人手……。當然了，您可以在貴公司正式審議之後再給我正式訂單，今天就先以部長您個人給出非正式的答覆……」
「我們的庫存目前只有 3 台，如果您本週內下訂，我就能幫您留貨，是否要先幫您暫時保留下來呢？」
「實在不好意思，我方有個不情之請，由於我們工廠的生產日程排得太緊……」
「那麼我可以答應您以如今這個規格，價格再壓低 5%，請您現在給我一個結論吧。」
「說實話，請問這次我們公司排在第幾位？」
「還需要做些什麼，您才願意採用我們公司呢？」
「您也知道，現在全世界都因為貨櫃不足，運費一直飆高，等到下一季我們就不得不漲價了，現在應該正是您訂購的好時機……」

8 懂得此道，任何人都能漂亮地結案

我將介紹一些典型的結案方法，請依據自己的銷售類型（B to B、B to C）和特性，將最能貼合自身情況的方法添加到你的選項裡。

❶ 試探法

我們常用「摸索解答」這種說法，請掌握案件成交的可能性有多少？成交率是90%還是在50%左右？或者還不到30%？並擬定「下一招」來提高這個機率。

用來試出機率有多少的技巧就是試探法。

沒錯，前文中「**酒井部長，不好意思……**」這段話正是試探法。

試探法成功的關鍵重點就是自然地「找藉口」，你必須列出一份清單，網羅**自己公司內擅長用試探法結案的人使用的藉口**。B to C銷售時說的「**不如就這麼定了吧……？**」便是標準的試探法。

❷ 時限法

在競標前客戶便已指定交期的話也就罷了，但如果你要銷售的是「並非對方當季就必須引

進」的產品，問題就來了。

既然已經進展到報價這一步，且即將進入結案前夕，毋庸置疑地，我們的產品對客戶來說是一個重要項目，但往往並不是一個「緊急項目」。也就是說你的產品屬於從優先順序來看，並非當季就得引進的情況。

一旦你屬於此類，絕大多數的客戶都會不斷拖延，遲遲不下結論。

若是屬於有這種風險的情況，一定要**「設定一個期限」。暫定的期限也可以，再由此反推出幾個重要的階段目標，輔助客戶在截止日期前達成共識並作出決策。**

為此，你會需要明確告知客戶現在引進產品的好處，以及拖到下一年度的壞處。

③ if如果論法

顧名思義，這是以「假設」為前提來確認對方反應的方法。

譬如，「**假設我們把價格壓到和B公司一樣，您有辦法立即給我非正式的承諾嗎？**」

不過這方法並非屢次見效，當成交機率不到30％的情況，可能在提出報價的階段便注定白忙一場。

反倒是將這方法作為最後壓箱王牌來使用時的成效斐然，乃行之有年的慣用手法。

❹ 引進前提法

乍看像是騙小孩般的方法，卻因為效果顯著而廣為使用至今。顧名思義，這是一種以引進產品為前提的話術。

譬如在B to B銷售時，可以說「**我們會在引進產品前為用戶舉辦免費的說明會和學習會，要在什麼時機舉辦比較合適呢？**」

又或者在B to C銷售中，「**我們目前正在辦活動，可以選擇價值20萬圓的免費附加產品，這裡面您想選哪個呢？**」

上面這兩種情況都是在客戶距離成交只有「差臨門一腳」時有效，有可能就這麼一氣呵成地拿下訂單。

❺ 直截了當法

不耍任何小花招或話術，**直截了當地催促對方「請和我們簽約」**。聽到這種毫無邪念、不拐彎抹角的說法，如果對方當時還無法下結論，往往也會坦誠以告躊躇的原因，便可由此採取下一步行動來解決問題癥結。

❻ 同步壓力法

譬如B to B銷售中，可以用「**貴公司的某某工廠也有從我們這裡訂購**」、「**在某某行業，這個規格就是業界標準**」這樣的說法，讓客戶感受到同步的壓力。

B to C銷售則可以用「**這區域的景觀還是最適合做設計師建築物件……**」或者「**很多建新房的人都會同時換新車**」這樣的說法。

要說得雲淡風輕、狀似不經意提起的樣子。

⑦ 沉默是金

這是面對決策者時使用的方法，在催促對方下結論，並拿出訂單表格後，就**保持沉默直至對方有所回應**。這種「無聲的銷售」是瑞可利的傳奇人物前輩教給我的。

重點在於給對方考慮的時間，話不多說，忍受這段沉默的時間。如果你受不了這種沉默，開口說了多餘的話，打斷了對方的思緒，往往會降低當場成交的機率。

⑧ 人情法則

這是**賣對方「人情」好讓對方想「報答你」**，一種利用人情法則的方法。

例如，引導對方這麼想：「在招聘新生方面向他諮詢了那麼多問題，雖然價格有點高，但還是決定用這間公司吧」。

B to C銷售中，客人接受了臉部按摩等護膚服務後會購買化妝品作為回報，便是一個很好的例子。

第8章

如何順利「談判」與「處理客訴」，加深與客戶的關係

STEP 1

易挫敗情境之快問快答

～給有苦難言的銷售人員一些建議～

談判、處理客訴

1 客戶嫌你比其他公司「貴」時的應對法

此處最重要的，就是不要將對方嫌「貴」的反應照單全收。請試想「貴」是相較什麼而來的呢？

簡答

最常見的是「和競爭對手比較」，也有可能客戶是在「與市價行情比較」。

「貴」有貴的理由，所以大可不必因為被嫌貴就打退堂鼓。**先思考「貴」是以什麼「基準」為前提，再與客戶周旋。**

乍看之下，初期成本確實比競爭對手「貴」，但是算上營運成本，再以5年的時間長度一看，自己公司反而才是「最便宜」的這種情況其實並不少見。

客戶只比較「初期成本」後便說「貴」，是因為「比較的基準不同」。

因此，**選用自己公司占有優勢的比較基準是鐵則**。

或者我們也可以回答客戶：「考慮到性能和功能特性，我司產品『引進後能為您提升最多生產效率』，因此雖然有些『貴』，不過到頭來我們的產品其實是性價比最好的。」

無論如何，這種時候應該要據理回應，並向對方展示依據（證明）。

在這裡分享一個故事。M先生是一家系統開發公司的SE（系統工程師），他長年派駐於一家外資銀行，酬勞是1人月150萬圓（1人月指的是一個人一個月完成的工作量）。

後來M先生換了工作，進入了一家外商諮詢公司，同樣還是派駐一家外資銀行，此時的1人月卻超過300萬圓。他笑稱：「我的技能還是那些技能，只是換了個招牌，竟然就有這麼大的差距～」這就是在告訴我們一項事實：昂貴的東西也有其市場。

希望你能先學會這點：無論是什麼行業，有些公司的東西再「貴」都有人買單。

2 如何議價並與客戶維持良好關係

正所謂「一碼歸一碼」，**應該將「與客戶保持良好關係」與「議價」分開來想**。

議價的鐵則是：不要一板一眼地考慮對方「便宜點」、「打個七五折」的要求，應該**引導對方進行「條件交涉」**。

例如，提出ＶＥ（價值分析）建議：「如果把規格改成這樣，可以降低○％，如果再改用○○製造的電源，還可以再降低○○％」替客戶降低買價。

此外，我也希望各位不要只針對眼前案件，而是能夠**從一連串「過往的人情債」來議價**。

像是「上次是我方作了讓步，這次就麻煩您高抬貴手吧」。

當然你也要意識到，這次的議價也有可能成為「未來的人情債」。

3 錯不在己卻還是不由自主地道歉

簡答

碰到糾紛時，有些人會把「對不起」當作口頭禪般掛在嘴邊，這是不行的。最大的理由是，如果自己沒有錯，卻向對方道了歉，就會使得之後的問題協商更加艱難，恐怕也會被客戶乃至自家公司相關部門**輕視，覺得你是個「不可靠的人」**。

話雖如此，如果你滿腦子想著要戒掉這個習慣，說不定反而會因為過於在意，結果說了更多次，或者在商談時說話變得吞吞吐吐。

所以我推薦的方法是：故意讓自己養成其他「口頭禪」或者某種表情。**試著找尋其他不帶歉意的詞彙或表情來代替「對不起」和「抱歉」吧。**

顧客應對

1 不擅長招待客戶（飯局、高爾夫）

簡答

踏入銷售界已經過了35個年頭，我個人感覺「招待」行為比起以往是真的減少了很多。再加上新冠肺炎疫情的影響，更是加速了這股趨勢。

如今「失落的20年（指經濟蕭條）」眼看就要變成「失落的30年」，企業們的業績沒有再上升的空間，持續刪減交際費，大概也是因此，很多公司的銷售業務已經剔除了打小白球以及請客吃飯等招待活動。

就我的感覺，僅有極少數一部分的行業還保留用飯局、高爾夫來招待客戶。也或者是，偏向僅招待管理層級和董事以上職級的人。

不過我被問到這個問題卻是最近的事，因此我會以尚留存招待風氣的行業為前提，來回答這個問題。

說實話，一邊顧慮對方一邊吃飯，或者明明不太喜歡卻還要陪對方去打高爾夫，都不是什麼開心的事吧。

所以，**招待客戶的大原則就是選擇一家「自己喜歡的店」或者「自己熟悉的店」**。你當然要事先詢問對方不愛吃或忌口的食物，不過在選擇店家時，比起選擇一家似乎符合對方喜好、但自己從沒去過的店，選一家自己喜歡、且應該會符合對方喜好的店要好得多。

這有點像比賽時的主場和客場，**在自己熟悉的店裡，相信你便不會那麼「不自在」了**。

至於參加飯局時的心態，你可以這麼想：即使自己不喜歡，但只要對方開心就可以了，不用過度擔心，也不必太勉強。

做到上述幾點後，你還需要注意的有：

- 座次（主位、次位、每個人坐的位置）
- 雙手倒啤酒，啤酒瓶的標籤朝上
- 別人幫你倒啤酒或日本酒時，用雙手持杯
- 在對方杯子見底前採取行動
- 不要從上方抓取碗盤
- 分餐時使用公筷

・扮演熱情招待的一方

大概就是這些了。基本上，我認為最好是用之前提過的人格面具法來飾演「熱情招待的一方」，無關你擅長和喜歡與否。

或者你也可以拜託那些喜歡宴會、喜歡打高爾夫的上司或前輩，幫忙招待客戶吃飯和打高爾夫，不過我還是建議，先試著自己演演看吧。

2 手上客戶眾多，無法加深人際關係

簡答

遇到這種情形時，我認為排定優先順序，徹底「珍惜每次機會」即可。坦白說，和成交希望渺茫的客戶加深關係也無法讓你的數字更好看，所以還是鎖定重點客戶來進攻吧。

當你負責的客戶眾多時，請想想**人際關係不是「人為建立」，而是「自然形成」的**，多花點心思，透過手上負責的案子來加深人際關係吧。

這種時候請記得，儘管乍看之下，就算不去見那些不想見的客戶也不妨礙你的工作進行，

但銷售這行有一句格言：「在最不想見的時候去見最不想見的客戶」。

這句話可所言不假，因此**要想成為優秀的銷售人員，請動身去見那些你並不想見、卻大有潛力的客戶**。

 偏遠地區客戶應對（鮮有機會拜訪）

簡答

從銷售效率來考慮的話，如何應對偏遠地區的客戶著實令人躊躇。地方政府和龍頭企業等也是具有一定的購買潛力，不過可能偶爾會發生去偏鄉拜訪了其中一家公司後，附近就沒有下一家公司可拜訪的情況。

比上述更麻煩的是，即使偏遠地區的客戶有潛力發展成新專案，還是可能面臨技術部門因為「距離太遠」而不肯配合，這已經可以說是一種「常態」。

然而，偏遠地區的銷售業務在遇到了新冠肺炎疫情後，恰恰被改變了遊戲規則。**透過網路進行商談的話，即使客戶身處偏遠地區也不用擔心，讓技術部門一同出席也不會碰到任何障礙**。

我們會用「客戶接觸點」這種說法，不管是用拜訪、打電話或是寄電子郵件的方式，你與客戶的接觸點愈多，你們之間的關係就會愈深。

在新冠肺炎疫情爆發之前，我一直以來都是指導大家「如果不方便去偏遠地區拜訪，就盡量打電話或者寫郵件」，總之多增加與客戶的接觸點，如今我們多了「在線商談」這項最強的武器，請務必身體力行。

STEP 2

「卓越銷售力」培養講座

談判、處理客訴、顧客應對篇

1 合理議價與導向成交的法則

在「STEP1」中，我已解說過議價的2個主題：「客戶嫌你比其他公司『貴』時的應對法」以及「如何議價並與客戶維持良好關係」，讓我們再重新整理一下。

除了搶標這種情況，銷售員很少有機會直接以最初的報價金額成交，大多數的銷售業務都伴隨著議價。而且，客戶都希望以更低的價格買到更好的產品，反之銷售這方卻想盡可能賣得高價。雙方站在完全相反的立場。我將在這裡為各位說明在此種情況下合理議價，以及導向成交的法則。

❶ 取得相對優勢的地位

不要讓價格變成脫韁野馬，請在自己占據優勢的情況下迎戰，而這情況需要你苦心營造，例如：透過協商將產品規格設定為對自己公司有利，也就是**讓你的產品提案能夠充分發揮自己公司的獨家與專長技術來占盡優勢**。

❷ 強調益處

這項也是一樣的道理，在議價之前，透過你的提案充分強調自家技術可為對方公司帶來什麼好處、帶來多少正面影響，以及可對提高銷售額和降低成本形成多大的貢獻，令對方留下深刻印象，心甘情願「為這些好處付出成本」。**在議價過程中，永遠要強調產品性價比中的「性能面」**。

❸ 計價根據

當客戶心中存疑，或者挑明了問：「為什麼只有貴公司的報價比其他公司貴2成呢？」此時你別無選擇，**必須要拿出你的計價根據**。

「現在與6年前的試作品相比，模具漲了○%，零件也漲了○%，而且半導體供貨非常吃緊……」若能像這樣言之有據，你便至少有了坐上談判桌的資格。

〈議價的7個法則〉

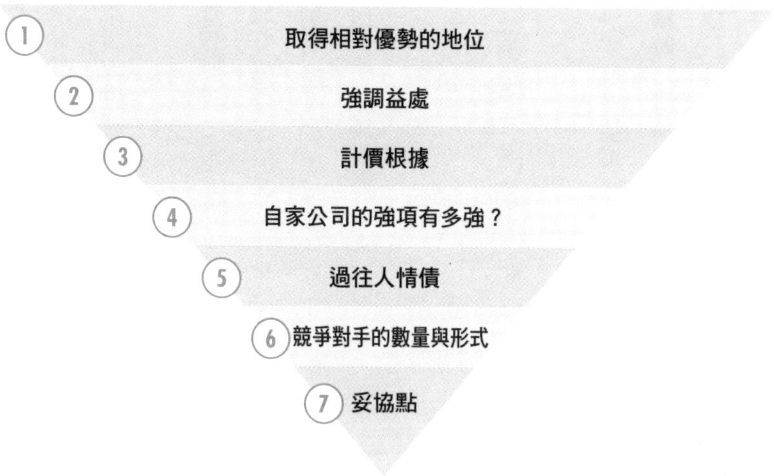

1. 取得相對優勢的地位
2. 強調益處
3. 計價根據
4. 自家公司的強項有多強？
5. 過往人情債
6. 競爭對手的數量與形式
7. 妥協點

❹ 自家公司的強項有多強？

此為議價時的關鍵——就客觀的事實而言，自己公司的優勢在與競爭對手相較之下究竟有多強？

是比競爭對手強很多、強一點或者是不相上下，決定了你手中握有的牌夠不夠有力。如果強很多，你的氣勢就可以強一些；若只強一點，就稍微收斂一些；倘若不相上下，也得在認清這個事實的前提下進行交涉。

❺ 過往人情債

如果是長期交易的客戶，且對方在過去的交易中「**欠我方人情**」，你就應該將這拿來當做**交涉的材料**；反之若是「**欠對方人情**」，則你在這項案件中的交涉力道就會被削弱，不可不慎。

❻ 競爭對手的數量與形式

競爭對手愈多，你的**競爭力**便相對降低，而且，即便你已經是對方配合的供應商，如果對他們來說，供應商是可輕易汰換的，在各家競相爭奪下，你的議價立場也會變得薄弱。

❼ 妥協點

畢竟是作「交涉」，你必須**在公司內部先協定出議價時可接受的底線金額**。議價可能會分為數個階段，如果以最終公司內部協定的妥協金額仍不能讓客戶點頭，有時候也只能忍痛在「取捨」中選擇後者了。

2 銷售人員處理客戶投訴的要領

只要身處銷售行業，你無可避免地要處理客戶的投訴。**有時即便錯不在我們身上，但在發生客訴時，銷售人員理所當然地首當其衝**。

應該如何面對憤怒的客戶並將問題擺平呢？這裡將分享處理客訴時應有的心態和方法。

❶ 銷售員應堅守的大原則與三原則

首先，處理客訴時的大原則是「於第一時間迅速處理」。雖然處理客戶投訴並非銷售員的典型業務，你還是要假設必定會發生投訴情況，在公司內部制定一套**「出事時」的業務流程**（之後會舉例）。

依據這套業務流程，**盡可能於「第一時間盡快對應」**。從這點來看，處理客訴就和滅火行動一樣，必須「分秒必爭」。

如果銷售人員及時迅速地向上級報告，或許便可大事化小，小事化無；可若拖延著遲遲不報，只想息事寧人，最終導致整件事愈演愈烈，一發不可收拾的情況並不少見。**愈是負面的報告愈要迅速呈報上級與相關部門，立即採取行動**。

客戶看的也是你面對客訴時是否有在「第一時間迅速處理」。即使最終解決問題所花的時間並沒有差別，但**「第一時間迅速處理」的確可降低對方的焦慮和憤怒**。

在此大原則下，接下來再介紹處理客訴時的三原則。

(1)—不說謊、不隱瞞

無論是對客戶還是公司，不說謊、不隱瞞是絕對的戒律。有時即使不到說謊的程度，但如果遇到問題時的第一反應是想大事化小、蒙混過關，為了圓一個小謊，就需要用更大的謊言來掩蓋它，最終只會讓事態演變得無法收拾。

在這個數位化時代，紙是包不住火的，瞞得了一時卻瞞不了一世，所以還是誠實地面對問題吧。

(2) 縝密的輔佐跟進

很多時候，由於我方無法確定問題的成因，而不得已必須讓客戶等待，愈是這種時候，愈要做到頻繁向客戶回報當前情況。

就算從上一次回報以後，事情毫無進展，也**請記住：客戶也在等著最新情報以便向他的上司和相關部門回報，因此即使沒有特別的進展，也要向客戶回報「現在正在處理什麼，當前情況如何」**。緊密地維持聯繫非常重要。

(3) 保持平衡

所謂的平衡，指的是**遇到問題或投訴時，銷售人員應該面向客戶那一方，還是自己公司相關部門這一方**。

如果你過於站在客戶那邊，在面對自己公司內部部門時，表現得像是客戶的代言人一般，只怕會被相關部門冷眼相待，覺得你「到底是在為誰工作？」；反之，如果過於站在相關部門、或者說自己公司一邊，則會失去客戶信任，陷入交易停滯的狀態。

作為銷售人員，我們必須在自己公司和客戶之間保持平衡。

❷ 信任的根源

人們總容易陷入「出問題有百害而無一利」的迷思，然而**實際上，出問題也是一個與客戶建立信任關係的絕佳機會**。

無論資歷深淺，銷售人員在工作中最看重的應該就是「與客戶的信任關係」了。至於這種「與客戶的信任關係」從何而來？最常見的無疑是在處理問題的過程中建立起來的。

儘管處理客訴是一種由負到零的行為，它卻能成為客戶信任的泉源。

信任不會憑空而至，它是某件事的結果所帶來的附加物品。這件事就是客訴處理。把危機視為轉機，妥善處理才是上策。

❸ 冷靜下來，因為錯不在你

做生意難免會碰到產品缺失、發送疏漏、交貨延遲等各種問題，**這些並非全是因為銷售人員有什麼過錯而造成的**。

儘管如此，在發生問題時，銷售人員仍要首當其衝地出面解決，成為平息事態時與客戶的聯絡人。

我有一位在糾紛頻仍的某行業擔任執行委員的朋友，我問他：「你是以什麼心態面對這些問題的？」他回答：「正因為是別人犯的錯，我才能冷靜處理。」

這就是他教給我的祕訣：**把自己放在客觀的位置上**。

❹ 正向思考

當遇到不愉快的事情時，就在這件後悔莫及的事情前方加上一個「難得」，譬如，「**難得發生了某某問題，不如趁此機會～**」，想想「～」的部分應該填入什麼內容，這就是正向思考。

這是一種可促進**自發性積極思考的方法**，對維護心靈健康也有很好的效果，請你也試試看吧。

「**難得我們的產品在〇〇公司發生了品管問題，不如就～**」，針對以上場面，如果是你，會在「～」處填入什麼內容呢？

❺ 表情演技

當查明問題或投訴的原因在我方之後，緊接著要去拜訪客戶或問題發生的一線現場。這應該是最教人喘不過氣的場合了，但是請記得：**在開口之前，先用你的表情或手勢、亦或兩者都用上，在與對方目光相接的瞬間表達歉咎之意**。

在情況已經查明、且對方已認錯道歉時，人們很難再將怒火發洩在他身上。我們可以先用**表情發出訊息**，平息對方的怒氣後，讓雙方從商議善後措施這一步開始。

3 處理糾紛的流程

不同行業自然有不同的糾紛處理流程，而有個可供參考的範例會更加幫助你理解，因此我將舉出盡量涵蓋多個流程的例子。

另外，有時合約書上會詳細記載當雙方發生糾紛時的對應方法，不過，有時只是含糊地用「秉持誠意處理」一筆帶過，而無論是哪種情況，**在尚未證明責任在己方之前，切記不可輕易地道歉**。

草率的道歉只怕會讓後續交涉多生枝節。

反過來說，如果很顯然是己方的過錯，自然是要一開始就道歉。

❶ 收集情報並回收產品以查明問題原因

如果問題的成因尚不明朗，那麼在道歉之前，你應該做的事情就是**收集情報以便釐清原因，如果你是製造商，還必須回收產品**。

❷ 回報問題波及範圍

在收集情報分析問題成因的同時，還須查明**發生的問題所波及的範圍**，並記得回報給相關人員。

❸ 究明、找出原因

必須要追根溯源、找出原因，才能一鼓作氣擺平問題，所以請將過去的經驗全數用上，拿出全力解決問題吧。經驗值會說話，薑還是老的辣。

❹ 評估並實施修復與應對方針

一旦查明原因，接下來就是要評估並實施修復與應對方針，此時也要注意**隨時向客戶回報情況，不可拖泥帶水**。

❺ 明確的責任劃分

當原因查明後，就必須明確劃分責任。如果不在這一步劃分清楚，會在之後的賠償問題上多生事端，因此你必須**拿出鏗鏘有力的證據，而不是指望和對方「心照不宣」**。此外，最好還要保留會議紀錄並請對方確認、簽名，可以防止日後出現「推卸責任」和「各自表述」這類爭議。

❻ 商議賠償金和費用負擔

在商討賠償議題時，應按照責任劃分，但奇怪的是，在一些買賣雙方都有限的行業中，原本應商討的賠償責任歸屬，卻經常演變成用上次或上上次發生糾紛時的實際負擔情形來討價還價。

這種叫做「（過往的）人情債」，這種時候就**想想我方能接受的「妥協點」，來與對方見招拆招**吧。

❼ 明確拿出防止再犯的方法

只是讓事態平息、因應情況支付賠償金，還不能算是將問題「處理完畢」。

〈處理糾紛的流程〉

① 收集情報並回收產品以查明問題原因

② 回報問題波及範圍

③ 究明、找出原因

④ 評估並實施修復與應對方針

⑤ 明確的責任劃分

⑥ 商議賠償金和費用負擔

⑦ 明確拿出防止再犯的方法

明確拿出防止再犯的方法，才叫做「處理完畢」。

我會這麼說，是因為我們不得不面對遲早必然會發生的問題。各問題的成因以及你所採取的對策與措施，在日積月累下，都將化為寶貴的經驗，這些不僅僅能用來改善與更新產品，**也能幫助你在下一次發生問題時快速掌握局面。**

4 處理糾紛時的禮儀規矩

發生問題時，**比起糾紛本身，你在第一時間的處理速度、應對態度以及回報的方式，更有可能會讓客戶因此對你「產生信賴」**，但也有可能帶來最壞的結果——被客戶「封殺」，這可以說比糾紛本身更加麻煩。

處理糾紛時也有應遵守的禮節。你必須親身前往問題發生現場或去拜訪客戶，以免事態更加「複雜化」，然而有的銷售人員卻想要打通電話就了事，甚至是發發電子郵件就想擺平一切，這種做法反而會觸怒對方。

為了不要再讓客戶罵你「不懂事情有多嚴重」，這裡就和大家分享一些處理糾紛時應有的規矩。

❶ 親訪、致電、寄信

總的來說，**發生問題時的最基本原則就是直接去見客戶**。但是假如對方在國外、在偏遠地區，或者因為新冠肺炎疫情而無法直接上門拜會，也可使用線上會議或致電等權宜之計。

在最初的拜訪客戶過後，之後的過程可以用電話聯絡即可，而若是使用電子郵件報告，恐怕有內容冗長、詞不達意的情形發生，因此你可以在需要向對方發送資料時使用電子郵件，但一定要在寄出後**致電跟進**。

❷ 書面資料

處理糾紛時必須留下會議紀錄、報告、檢討書等書面文件，**如果你偷懶僅用口頭回報，站在處理糾紛的角度來看，相當可能會自掘墳墓**，請務必注意。

❸ 信件

如果錯在我方，就於信中表明歉意；如果自家公司沒有過錯，則可於信中表達你對於發生問題感到很遺憾。**信件可以達到加深你與客戶今後關係的效果。**

5 該謝罪與不能謝罪的場合

如果問題明顯出自於自己公司或我方銷售人員，總之請立刻道歉。這種時候，如果對方感受不到歉意就等於白費功夫，所以**把聲音、表情、動作全部用上，使出渾身解數來道歉吧**。

此外，日本新正堂出的點心「切腹最中」也是道歉時的傳統小道具，有需要時就多利用吧。

反之，**當錯不在自家公司或者尚未釐清責任歸屬的時候，絕對不可以道歉**。在STEP1中也已經提過，如果為了讓對方消氣而輕易道歉，之後談判的主導權就會落入對方手中。

有些時候你還會需要向對方請款，要求他們負擔平息事態所需的費用，因此請避免輕易向對方道歉。

至於在找到問題原因前，前往拜會或打電話給客戶時的第一句話該說什麼？像是「**給您造成不便了**」、「**讓您擔憂了**」這樣的寒暄話就足夠了。

6 令和時代的「招待」觀念

由於交際費用刪減與勞動改革方針，各項招待行為早已日漸減少，如今新冠肺炎疫情更彷彿壓垮它的最後一根稻草，給了致命一擊，然而隨著疫苗和群體免疫逐漸普及，新冠肺炎疫情終究會平復，招待行為無疑會隨之復活。

在此，我想要分享一些令和時代的招待觀念。

可能的話，最好還是辦一些客戶聯誼性質的招待活動。目的是為了交換情報，以及最重要的「加深感情」。

無論怎麼說，聯誼會總是能加深人與人之間的親密度。

你可以不必局限於傳統的餐會或高爾夫球，假如你和客戶有共同的愛好，不管是五人制足球、網球、圍棋還是釣魚，都應該踴躍邀他同樂。

如果公司刪減了交際經費，也可以改用參加者付費或有條件付費的方式來舉辦，總之這些交誼活動都會為你的銷售工作加分。

即便你不能喝酒也無妨，只需要把場所從會議室換到餐廳，氣氛就會完全不同，在一個可以放鬆的環境下，也可以聊些不同於平時的內容，相信會有助於加深對彼此的理解。

至於餐廳如何選擇，我建議大家**因應各種條件來挑選幾間自己覺得「不錯的」餐廳，放入候選名單內**。

只需要能夠對應和食、西餐、包廂等各種目的，不一定要特別昂貴的店，別讓人覺得你是在預約網站上隨便選的就可以。

如果有公司或部門同事常去的餐廳，選擇這樣的地方相對保險，不過，你也會想加入一些自己的「私藏名單」。

這世界上教人吃驚讚嘆、兼具特色與美味，且價格合理的餐廳多如過江之鯽。

當然，私下請教你的上司或商業夥伴有沒有這樣出色的餐廳，也是一個好主意。

「顧客可以直接拿湯匙從魚骨上刮下鮪魚肉享用的餐廳」、「北海道人都讚嘆的海膽料理」……**只要有能夠向客戶描述的「招牌特色」，用這樣的基準選擇餐廳**就沒錯了。

7 從真實的「自己」轉變成「飾演」理想銷售人員的概念

常有人會用「A先生很適合做銷售」或者「我不適合做銷售員」這種說法，然而**事實上，「銷售業務並沒有適不適合之分」**。可以說那些都是「聽起來像真的」的謊話。

世界上到處都是「外表看起來像超級業務員，其實根本賣不出東西的人」和「看起來完全不像個業務，卻是銷售冠軍的人」。

在銷售這一行，即使你擁有強悍的心理素質，只要你賣不出產品，就「只是個粗神經的人」。

住在你心中的「敏感型人格」反而是你銷售業務上的強大武器，但另一方面，它也會成為使你心神耗弱的凶器。

為了讓銷售人員不至於感到精神上的疲乏，我強烈建議各位養成「扮演」理想銷售人員的心態。

沒錯，就是本書前文中提過的「**人格面具法**」。

試著扮演一個不是真實自己的角色吧。可以的話，請扮演一個符合對方喜好的銷售人員。扮演一個朝氣蓬勃的銷售人員；扮演一個冷靜理性的銷售人員；扮演一個具有高度同理心的銷售人員。

基本上，去模仿你身邊的上司、前輩或同儕的業務員。

就算只是在商談開始時演一下也無妨。

事實上，我們早已經具備了這項技能。小時候，你是不是有過這種經歷呢？在家裡說話時自稱「我」，到了學校與同學講話時，自稱就變成「大爺我」了。

這時你就已經扮演了兩個角色：「我」和「大爺我」。

同時，我們也是女兒、弟弟、哥哥、姊姊、前輩、後輩……這一路上，我們一直在與他人的關係中，扮演著各式各樣的角色。

銷售也是一樣的。

所以，你**很容易就能配合客戶，投其所好，扮演一個對方會喜歡的銷售人員**，而不是「真實的自己」。

這就是優秀銷售員的真面目。

8 還是碰到討厭、不對盤的顧客怎麼辦

說實話，的確有些客戶比較討厭，也有些客戶就是和自己不對盤。開拓新業務有個好處，就是如果遇到「這人真討厭」的情況，說得極端一點，你大可「不伺候了」，另尋其他客戶即可。

〈用人格面具法扮演對方喜歡的銷售人員〉

對方是個重傳統、匠人精神濃厚
的人，那麼就展現出我的熱忱，
走「熱血體育系」路線。

我想盡心盡力
讓這個行業能夠比現在更加繁榮！

對方是個健談的人，
我想給他留下「有趣」的印象，
所以開朗一些吧。

就是因為上週沒能見到〇〇部長您，
所以我做什麼事情都不順呢。

對方感覺是個
不喜歡廢話的人，
不要拐彎抹角，
有話直接問比較有效吧。

那麼，話不多說，
我們直接進入正題吧。

但是專員銷售和巡迴銷售就無法這麼做了。

雖然說近來「客訴騷擾」的概念逐漸為人所知，不過這項觀念還沒有完全普及。

因此，我想在這裡介紹當遇到討厭的客戶、不對盤的客人時，可以運用的3個處理步驟。

首先第一個步驟是前文所述的人格面具法，試著投其所好，扮演那個討厭的客人可能會喜歡的銷售人員。

如果不管用，那就進入下一步，**扮演一位「精神分析醫師」**。

我們要做的，就是一邊引導客戶給出一些零碎的訊息，一邊推測「這個人經歷過什麼、走過什麼樣的人生，才變成現在這樣一個不討喜的客戶呢？」。

如此一來，你就能夠**從「這個人與自己」的對立關係中退後一步，用客觀的角度來審視對方**，減輕赤裸裸感受到的「厭惡」。

再來你還可以將這種「厭惡感」進行因式分解，或者說猜測，在自己心中樹立一個合理的「解釋」，像是「由於經歷了這些，這個人才變成今天這個樣子」，如此你就不會那麼在意了。

如果這也行不通，就可以用最後一步——**扮演「死神」**。這種方法源自於歐洲的管家和僕人文化，後來延伸到服務業，如今也傳到了銷售業界。

簡單來說，這種方法就是**問問自己：「這個客戶會在3個月後死去。只有我知道這件事。那麼在這3個月裡，我可以為他做點什麼呢？」**

我祈禱大家永遠都用不上這個方法，請將它作為護身符，當成一個到最後都不會使用的最終兵器吧。

第9章

為了成為優秀銷售員的內部斡旋與商談管理

STEP 1

易挫敗情境之快問快答

~給有苦難言的銷售人員一些建議~

內部斡旋

1 工廠遲遲不回答客戶諮詢的價格、交期或技術問題

在某些公司，比起對客戶的銷售業務，對自家公司相關部門的「內部斡旋」更令人頭疼。

這也是傳統企業中常見的問題。

至於報價回覆慢，有時不僅僅是因為公司內部的層層審核與批准手續過於繁瑣冗長，有時候還可能是因為現場處理人員遭到裁減，導致可應對的人員有限，拉長了計算成本的時間。

這是整體制度結構的問題，在以技術部門和製造部門為主導、銷售部門為輔助的大型製造業中，無論銷售人員再努力，也無法輕易改變現狀。

我知道有些公司解決了這項陳年積弊，採取的辦法是「哪裡卡住就往哪裡增加人手」。此外，他們還逐漸放掉了一些讓人花費大量時間對應，帶來的利潤卻屈指可數的客戶。這些措施帶來的成果，就是利潤增長至4倍。

這些措施都是出於公司的經營判斷，而我想分享的重點是：對於改善這種情況，我們是「有計可施」的。

說到底，如今已是AI、DX的時代，回覆報價、回覆交期這種業務流程，10年後是否還存在都很難說，所以我希望銷售人員能因應這項趨勢，草擬一套改善辦法，在公司內部打點疏通好各個環節，由此推動業務改善。

除非一間公司本身已具備強大的技術優勢，或是他們生產的設備有維修改造需求時，客戶只能找他們處理，否則一個不能快速回覆報價、交期、技術類問題的企業，他們在銷售方面必定「落於人後」，三兩下就被競爭對手、新創企業、新興國家的企業所超越。

要避免發生這種事態，需要公司全體總動員來推動業務改善、醞釀改革時機，這也是一項重要的「內部斡旋」工作。

2 與設計、生產管理部門間的分歧

如果用「同類相斥」可能是有些過頭了，不過，明明同在一家公司，人們卻總容易分成「銷售—設計」、「銷售—技術」這樣，將對方部屬視為和自己有利益衝突的對立關係。

常見的情況就是：**銷售部門認為設計部門「做不出好賣的東西」，設計部門則認為銷售部門「賣不出自己做的東西」**。

雙方的想法都談不上客觀，這也是由於大家都習慣了把自己放在對立關係中，疏於溝通的結果。為了改善這種情況，可以試著多多使用「我們」這個主語，從日常的交流互動拉進關係。

換言之，這是在做一項「永無止盡的方向性整合」，即便銷售部門和設計部門的指針朝著不同方向，指針向量相加後的總和，也該是最大數。

最大限度提高客戶滿意度，應該是各部門最大的共同目標，持續與眾人溝通，朝著終點邁進吧。

1 不知該如何提升成功率不明案件的成交機率，沒有頭緒

簡答

當成交機率高於90％、70％、50％時，確實更能看出提高成交機率的脈絡，問題在於成功率不明的那些案件。

我在瑞可利任職時，曾使用過一種叫做「**級別表**」的管理表格，用「**級別**」來表示成交機率。我所在的事業部門將成交機率90％以上的項目列為「**A級**」，70％以上列為「**B級**」，50％以上列為「**C級**」，而成功率不明的案件則稱為「**圓石**」。

（順帶一提，也有很多時候將C級的標準訂為30％以上會更合適。）

至於提高「圓石」成交機率的方法，首先，你不能守株待兔，應主動出擊，積極擬定「下一招」，先讓該企業達到自己部門策定的C級客戶基準。

如果你們公司的C級設有多項基準，就針對每個「圓石」最容易達成的那一項，制定「下

〈INS東京業務部　澀谷營業所　級別表　範例〉

202X 年 5 月 X 日

姓名　大塚補給

季度目標	25,000
現在	10,350
達成率	41.4%

（千圓）

	4 月	5 月	6 月	第 1 季度計
目標	6,000	9,000	10,000	25,000
實績	6,200	4,150	0	10,350
達成率	103.3%	46.1%	0	41.4%
不足	☀	4,850	10,000	14,650

	公司名	金額	公司名	金額	公司名	金額	第 1 季度計
已成交	A ◯ A	2,200	日◯製鋼	3,000			
	日◯鋼管	1,800	Memory ◯ Nas	1,150			
	◯藤產業	1,200					
	曉◯印刷	800					
	日本◯◯工業	200					
已成交計		6,200		4,150		0	10,350
A 級			東京◯◯工業	1,200	◯田建設	1,000	
			◯央產業	1,000			
A 級總計				2,200		1,000	3,200
B 級			櫪◯製紙	1,200	東◯實業	2,000	
			西◯工業	800			
B 級總計				2,000		2,000	4,000
A＋B				8,350		3,000	11,350
C 級			Ori ◯ n 電氣	2,000	共◯電氣	1,400	
			岡◯工業	1,200	山◯化學	2,200	
					Ne ◯ n	750	
C 級總計				3,200		4,350	7,550
A＋B＋C				11,550		7,350	18,900
圓石			Sa ◯ ting	800	富士◯產業	3,500	
			◯日東壓	600	Anau 化妝品	1,600	
			Za ◯ bec	1,000			
			To ◯ co 油化	1,400			

一招」的行動內容。

2 業績好壞月份分明

簡答

我自己在做銷售員的時候也有這樣的傾向。當時業績是按季度管理，我那時心想「反正最終有達到季度目標，大家就沒話說了，何必糾結每月的銷售數字……」。

但是，我的上司卻告訴我，像我這樣每月業績變動幅度過大的銷售人員抓不準數字，所以很難獲得重用。

我想，上司應該是想告訴我：「**既然有達到每季度目標的能力，應該百尺竿頭更進一步，把每個月的目標數值都達成，銷售能力才會進步**」。

當然了，大家所處的行業不同，有些行業可能一年就只有數次採購，甚至好幾年才採購一次。

所以我在這裡會以「每月會發生數次採購的行業」為前提來講解。

在這種行業裡，**想要改善「月銷售額落差過大」的情況，首先要學會使用「級別表」，將手中所有案件的成交機率化為可視數據**。

然後進行安排調度，避免有哪個月份出現業績特別差的情況。

最基本的做法就是將成交日期「提前」。其實將就快要成交案件故意「往後延」，藉此平均每月的銷售數值的做法會來得更加輕鬆，但這不過就是耍耍小技倆，更會阻礙你的銷售技術提升，不可不慎。

3 眼前工作讓你分身乏術，無暇顧及下期、下下期的目標，成績飄忽不定

簡答

埋頭「收割」該季度的業績，到了季度末才發現還沒幫下一季度「播種」，只好又從零開始「播種」……。

如此周而復始的惡性循環，應該是很多銷售人員的壞毛病吧？

許多人常覺得銷售人員是狩獵民族，其實從「穩定業績」這層意義上來說，銷售員身上也

應該要具備農耕民族的習性。

換句話說，從中長期來看，銷售員的工作是由播種、澆水、收割組合而成。

在季度末集中「收割」無可厚非，不過在其餘的時間裡，請你有計劃地為下季度、甚至下下季度做準備。

這種準備可不是只在腦海裡想想，一定要制定相應的銷售計劃，並且定期審查。這麼做應當能讓你找到主導權，將業績操控自如。

STEP 2

「卓越銷售力」培養講座

內部斡旋、商談管理篇

1 如何成為讓相關部門力挺的銷售員？

說老實話，設計、技術、SE、工廠、作業人員……這些與銷售息息相關的部門，都會將銷售員加以分級、看人做事。從來沒有什麼一視同仁。

維持與相關部門以及後勤部門的良好關係，最吃香的時候就是在「發生事情時」。在短期間交貨、規格特殊、需要專業知識的情況以及遭遇糾紛時，想讓相關部門的人員像對待自己的事情一樣，爽快地提供支援，想必不會是靠組織施壓命令吧。

我希望你能成為一個相關部門願意力挺的銷售員。

這必須建立在你們是同甘共苦的夥伴的基礎上，同時也是平日裡的「留心關照」產生的結果。

在這裡，我將說明這些在相關部門吃得開的銷售員所具備的3個共同特性。

❶ 讓人情債保持順差

在一家公司裡，幾乎沒有一件業務是可以單靠銷售人員完成的吧。銷售的業務必定會跨部門流動。

「東西我賣掉了，接下來是你的事了」——這種把事情扔了就不管的銷售員、以及不願配合別人的銷售人員，是不會被相關部門喜歡的。

這樣的人會被貼上「不會做事」的標籤，所以當他遇到緊急情況時，通常難以取得別人的協助。

你的銷售成績愈好，負責的重點客戶愈多，客戶就愈會往你肩上堆加刁鑽難題。這種時候，**在明知不合理的情況下，還是要委託其他部門出手相助，而讓其他部門願意「以幫忙為前提」、積極回應的，則是因為你平時積累的人情債保持在「順差」的狀態**。

此乃在公司內部最萬無一失的做人原則，請牢牢記住。

替工廠的失誤揹鍋；站在客戶的炮火槍口前，保護我方的技術人員；幫技術部尋找願意擔任白老鼠的客戶；將有用的客戶意見轉告開發部門……多多重視這些平日的功績吧。

❷ 密切溝通與回饋

技術、SE或者是設計部門不喜歡的是「動不動就要求技術／設計人員隨行，卻沒有後續回饋」。甚至很多時候，他們連專案成立與否都不會被告知。

銷售人員可能是出於案件未成立的理由，而判斷不需要回報相關部門，但是這樣一來，很有可能遭到對方抱怨：「成交機率那麼低的案子，就不要拿來麻煩技術部門了」，或許下次就不願出手相助了。

相關部門會優先禮遇配合度佳的銷售員，而不得相關部門青睞的銷售人員，業績則委靡不振。

為了避免這種情況發生，**給予回饋乃必要之舉**，此外也必須留意多多與相關部門密切溝通。

❸ 建立關係網

有些銷售人員明明並沒有比其他人更刻苦努力，業績卻出類拔萃。並不是說這樣的人就比別人「懂得要領」，然而**這些優秀銷售人員卻有個共通點，就是他們會跳脫銷售部，和其他相關部門建立關係網**。

有了這個關係網，你就能掌握擅長哪個領域的人才散落在公司的哪個角落，快速地找到他

〈讓相關部門力挺的銷售員3個特性〉

1 讓人情債保持在順差

2 密切溝通與回饋

3 建立關係網

來響應客戶的需求。

這種關係網可不會白白從天上掉下來，讓你坐享其成，請主動當這個「開路先鋒」，闢展一些不像定期會議那般拘謹，可以更隨意自在地交換意見的交流機會吧。

2 公司內外的人脈讓你銷售力倍增～建立人脈的方法～

眾所周知，在公司內外擁有豐富的人脈關係，能夠使你的銷售力大有長進。

但是，這種人脈並非一朝一夕能夠建立，也有人並不清楚該如何建立人脈。

甚至還有人會爭論：人脈究竟是「人為建立」的？還是順應某些事的結果「自然形成」的？

這裡我要介紹的是「**T字型人脈**」的概念。

在這項概念中，橫向為「拓展」人脈，縱向為「深化」人脈，亦即獲得絕對支持者。

首先，從橫向「拓展」的角度，我推薦「360度人脈」的思維。

我希望大家不要總是盤算著「對銷售有沒有幫助」，盡量多方面地拓展人際關係，包括

ＰＴＡ、公寓管理工會的理事，甚至主辦同學會的人這樣「拿了名片也沒什麼用」的交流社群。

倒不是要主張「朋友的朋友也是朋友」，不過這些人脈，確實在不少時候能間接提供有用的情報，甚至帶來銷售轉機。

可以主動舉手擔任沒有人想當的聯誼會主辦人或學校裡家長會的幹部，也不失為一個拓展人脈的便捷方法。擔任主辦人、成為幕後推手的經驗相當難得，倘若辦得成功，可以拉近你和眾人的距離，也會成為你日後職涯中的寶貴經驗。這就是為什麼有句話說「讀ＭＢＡ不如進ＰＴＡ」。

接下來是縱向的「絕對支持者」。我們常說「認識100個人，還不如擁有1個絕對支持者來得更容易成功」，這句話也算是所言不假。

如果這個絕對支持者是你的客戶，便再好不過。如果這個人是你的上司、前輩、同事、後輩、相關部門的人，也同樣是件好事，請多多留意這樣的人吧。

3 確認案件狀態與思考「下一招」需齊頭並進

我在STEP1中講述了「級別表」的概念，其實叫什麼名稱都無所謂，重要的是**銷售員必須盡可能準確地掌握以下3點：案件的「成交機率」、「成交金額」與「成交時期」**。此時最重要的是可作為各項數值**「依據」的事實**。其中推測占據的成分愈多，級別表的準確性就愈低，因此你必須在商談中盡量收集可成為「依據」的訊息。

本書的先前章節中已說明過「閒聊的意義」，我們在與客戶閒話家常、在電梯間短暫聊天時，就是想獲得這些「情報」依據。

檢視並確認案件狀況（成交機率的準確性）是銷售流程管理中的砥柱，而要判斷成交機率是在30％以上、60％以上還是90％以上，則需從明確其判斷依據或定義開始。

以一家設備製造商為例，他們的成交機率定義如下：

A級（90％以上）：已內定

B級（70％以上）：已提交規格書、已得到現場層級的內定、尚有不確定因素

C級（30％以上）：已簽訂承包，之後會有3～4家廠商競爭

圓石（未定）　：有意採用我司規格，已接洽

「圓石」這一級別的案件，處於「成交機率未滿30％」或是「已立案，但在該段期間內無法成交」的狀態。有些公司也會用「種子」來稱呼。

此時最好在確認機率的同時一併思考：如何用「下一招」、採取「下一步行動」來提升至下一個級別。根據「下一招」的結果來研擬「再下一招」，持續提升級別，直至最終拍板定案——這就是銷售流程管理。

4 簡易式管理：「需求」、「瓶頸」、「下一招」

採用**「有什麼需求」、「存在什麼瓶頸」、「下一招」這3個角度**來做案件流程管理和進度管理最能合理掌控進度，將成交機率最大化。

將級別由「圓石」→「C級」→「B級」依序提升——說起來容易，現實上可不會進展得如此順遂。很多時候你甚至連「下一招」都想不出來。

遇到這種局面時，你應該做的是回歸出發點：想想客戶的「需求是什麼」？客戶的需求明

確，而你手中有可以對應該需求的產品或服務，所以這案件才得以成立。倘若案件遲遲無法成交，那就是因為**存在著瓶頸**。

於是接下來的流程，就是推測「瓶頸是什麼」，收集並分析情報後，採取「下一步行動」。

5 可推動業績增長的SFA、聰明運用管理表

在銷售員「最不想花力氣在這上面，卻不得不做的業務」榜單裡，應該少不了輸入日常報表、銷售管理表或者SFA（銷售自動化系統）的名字吧。

這些業務之所以會榜上有名，是因為它們只是用來匯報的工具，**是單純的文書處理工作，對於提高銷售員的業績幾乎毫無幫助**。

當然，對於經營方和管理層級來說，他們必須有這些管理表才能及時掌握預算與目標的達成進度和未來前景，只是說實話，這些工具的運用絕大多數並沒有帶來業績增長。

我們也常會見到銷售經理為了向上司和總部呈報而忙著製作各種報告資料，卻無暇關注下屬的每一項案件和進度，也未能花足夠的時間隨同下屬拜訪客戶或者培訓員工。

更何況，現在愈來愈多銷售經理是採用「球員兼領隊」制，身為經理卻也要忙著完成自身的業績，同時還要兼顧匯總管理表、準備呈報資料、參加匯報會議，完全無暇審視下屬的日常報表並給予反饋的人，實在太多了。

還有一點，無論多麼優秀的SFA系統，也無法保證擁有對使用者友善的操作性。想必實際使用者的心聲都是「功能太多，無法完整駕馭」。

那應該要怎麼做呢？

如果我們只將管理表當成「匯報用」、「管理用」，它對於銷售人員來說就沒有任何好處，容易失去實際意義，徒具形骸。

為了導正這種情形，該做的事情就是將管理表或SFA的焦點放在以下2項：「將成交機率提升一級別的『下一招』」和「達成目標／預算（填補差額）的方法」。

再接著訂立明確的時程，確保銷售員與銷售經理可以密切溝通，針對這2項內容討論具體的辦法。偶爾可以往排程表中再加入一項：向成功賣出產品的人請教「下一招」。

如果能夠每天堅持如此運用5分鐘，相信不僅業績有起色，銷售人員和銷售經理也都會有所成長。

第10章

銷售過程中感到「迷茫」、「痛苦」時應該怎麼辦？

STEP 1

易挫敗情境之快問快答

～給有苦難言的銷售人員一些建議～

1 無法自信滿滿地推薦自家商品（心裡並不覺得「推薦」）

簡答

這雖然是很直白的意見，但說實話，一旦有了這種想法，你的銷售成績必然走下坡。

因為，假使真的有個可讓你信心十足地「推薦」給客戶的產品，它也很有可能因為價格過高而乏人問津。

即使公司有可能做出完美無瑕的產品或服務，倘若製作成本過高，便無法創造出商業價值。

又或者，假設有個完美產品，同時價格又實惠，那它還會需要銷售員來推銷嗎？

能夠讓你打從心底「推薦」的產品或服務，自然是具備雄厚的實力，你推薦起來才有根據，但是這樣厲害的商品，客戶自己就會上門求購，可能根本就不需要銷售部門。

換句話說，能讓銷售員「信心十足」地向客戶「推薦」的完美產品，就像「青鳥」一樣，很有可能是一個永遠尋找不到的東西。

回到現實層面，要不要購買產品，最終作出決定的是客戶。正如我在本書中多次提過的，客戶作出決策的基準不會只有一個。

功能特性是A公司強，價格是B公司有優勢，服務則是C公司更彈性靈活——客戶需要比較幾家公司才能得出的結論，銷售人員卻「不分青紅皂白」，沒頭沒腦地就認定「無法自信地推薦自家公司的產品」，這樣未免太過草率。

自家產品在綜合實力上的確不如A公司，但是在〇〇功能特性方面卻能技壓群雄，那就從這點來「推薦」，這就是銷售員的工作。

再說，客戶也許就是想向「你」購買產品。你有沒有考慮過銷售員的介入價值呢？

單論產品實力的話，肯定是A公司產品脫穎而出，但因為你平時經常帶來一些有用的情報，所以想和你做生意——這樣的客戶多的是。

如果發生問題時，你總是正面回應、積極協調並解決問題，那麼就算產品有點貴，也會有很多公司希望從你的公司購買。

說句實話，如果一個銷售員認為自己「沒辦法自信地推薦自己公司的產品」，那這個產品就太可憐了。

你可以靠著自我暗示，或者集中找尋一個突破口也無妨。找到一個可以讓你對自己的產品投入感情，願意為它奮鬥的理由，用自己的介入價值來彌補「無法自信推薦」的部分，創造正面價值，誠摯地面對自己的銷售工作。

就像先進們一直以來所實踐的那樣。

2 不喜歡自己負責的產品／客戶，提不起勁積極銷售

「喜歡」是一種情感、感覺，與1同樣，如果你開始有了不喜歡產品或客戶的念頭，銷售成績必然一蹶不振。

我不會要這些說「無法喜歡」的人「努力去喜歡」。只不過，**用「喜歡」或「不喜歡」這種兩極論來看待自己負責的商品或客戶，是一種很危險的想法。**事實上，黑色與白色之間應該

還有灰色存在，並且有更接近黑色的灰，也有更接近白色的灰。

而且這種像在四捨五入一樣，一口咬定自己「無法喜歡」的極端論調，並無法帶來任何價值。

不要去判斷自己是喜歡還是不喜歡，正確的思維方式是：在自家產品和客戶身上找到你「喜歡的部分」。

無論多麼微小瑣碎都可以。

話說回來，「喜歡」一詞的相反詞是「討厭」，而其實「喜歡」和「討厭」的情感能量是一樣的。

這些情感能量朝著積極的方向，就是「喜歡」；面向消極的方向，就會變成「討厭」。

最大的問題是當「無法喜歡」變成了「漠不關心」的情況。「漠不關心」是一種最糟糕、感情能量為「零」的狀態，將對銷售業績帶來極差的影響。

換言之，即使你無法喜歡上產品或客戶，也要保持興趣。沒有興趣就分析不了「無法喜歡的理由」，用這樣的態度去接觸也無妨。

「喜歡」能夠成為你的銷售武器，倘若真的無法喜歡的話也罷，試著控制自己對其「保持興趣」吧。

3 犯錯時不知如何重新站起

我們常說「走不出失敗」，更有些人在經歷失敗後，一直在意那些已經發生的錯誤，在心裡糾結，過度責備自己。

這種類型的人並不會「重蹈覆轍」，**他們更需要知道的，反而是心靈的保健方法**，下面我將介紹幾種方法。

毋庸置疑地，我在別人眼中始終是一位性格開朗、精力充沛、熱情健談的銷售員，但另一方面，我的內心也住著一位「敏感先生」，與我一路相伴。

因此，我嘗試了以下所有方法。

❶ 正向思考

這在本書前文已解說過，這種思維方式是在我們犯錯時，把錯誤想成「**難得犯了〇〇的錯誤，就趁此機會～**」，並在「～」的部分代入一個自己覺得合適的內容。

❷ 在心中實況轉播

這是以前心理學家植木理惠親自傳授我的方法：將自己犯錯後無法走出失敗、躊躇糾結的狀態如實轉播出來。

「**這種情況已經不知幾年沒遇到了，大塚犯了〇〇的失誤，愁得連飯都吃不下！今早醒來後，他還在糾結不已。他反覆地想著那個失誤，但只是在腦海中不斷重播自己的失誤而已，這種行為可說是毫無意義。**」並將這樣的轉播內容說出口。

當你把心情轉成言語說出來，負能量也會隨之釋放。

❸ 尋找避風港

避風港可以是一個能夠給你建議的人，也可以是能夠傾聽你滿腔怨言的人、家人，或者一種可以讓你劇烈活動身體、流汗、轉換心情的運動。

或者是去看看大自然、仰望星空，想想自己「**為這種渺小的事情煩惱憂愁真是愚蠢**」也是個不錯的方法。

到廟裡求助神明、驅逐霉運也有不錯的效果。我在24歲犯太歲的時候就曾親身實踐過，成效斐然，以至於這個求神拜佛法在瑞可利的舊杜鵑丘宿舍裡代代流傳了下去。

❹ 不要怪罪自己

據說憂鬱症不會發生在不負責任或推卸責任的人身上。

反之，「過分有責任感」的人則容易得憂鬱症。為了有效維護心靈健康，「不要怪罪自己」便是個很好的防範措施。

說到底，上司和組織原本就是「為了替下屬犯的錯誤承擔責任」而存在的，為過失擦屁股這種事，就交給那些拿更高薪水的人去做吧。

❺ 想想生活在嚴酷現實中的人們（戰地、災區、醫院）

不過是銷售工作中犯了錯而已，肯定不至於丟了小命吧？

如今的日本雖然不太可能再發生戰爭了，但也有**許多人正身處災區或醫院，面臨著生死存亡的嚴酷現實**。

我曾經為了想激勵軟弱的自己而前往靖國神社附屬的遊就館，目睹那些當時被徵召上戰場、最後殞命的學生們留下的遺書，那種肅然起敬、陰霾一掃而空的感覺，我都還鮮明地記得。

❻ 工作上犯的錯，就用工作來補救！

能這樣想的人，大概也不會為了走不出失敗所苦，不過我還是要在最後說說這個方法：用工作一雪前恥吧。

我們沒有時間為失敗而沮喪。**既然已經犯錯，給大家添了麻煩，就更加不能沮喪下去，再讓周圍的人為我們擔心。**

從❶～❺中挑一個方法試試看，在工作中犯下的錯誤，一定要用工作來補救。

STEP 2

「卓越銷售力」培養講座 思維、態度篇

1 給「覺得自己不適合做銷售的人」

本書第8章中提過，銷售工作沒有適合與不適合之分。當然，如果你認為自己「適合做銷售」，那絕對是件好事，請繼續保持下去，累積經驗。

問題是那些認定自己「不適合」的人。

人們總認為外向型性格適合做銷售，內向型性格則不適合，而「不善與人溝通就不適合做銷售」也的確像是個讓人無從反駁的理由。

但是，**決定一個銷售員「合適與否」的既不是銷售員自己，也不是他的上司，而是「客戶」**。

銷售風格需要「培養」

- 「外向型性格適合做銷售」是迷思
- 適不適合做銷售由客戶來判斷，不是自己
- 用人格面具法找到與自己重疊的角色
- 銷售的優劣取決於「知道多少種銷售方法」
- 專業知識將成為你的武器
- 滿足客戶的需求

一般人也許都認為開朗活潑、精神抖擻的人適合做銷售，但更多的客戶並不在乎這些表象，甚至還會抱怨「就不能來個懂技術的人嗎？」或「沒有更懂事點的銷售員了嗎？」。

不知有多少客戶的真實心聲是：「這人只是嘴上說得好聽，辦起事一點也不勤快」、「和銷售員說不清楚，拜託直接叫設計的人過來」。

實際上，有些企業也認為與其讓銷售人員學習技術知識，直接讓技術人員出來跑業務來得更有效率。

在這樣的風潮中，**我想說的一項事實是：銷售業務沒有所謂合適與不合適，每個人都有適合他自己的銷售風格。**

曾經做過技術員或系統工程師的人，他們

的技術知識和經驗也將成為做銷售時的一大武器；曾在一線工作的人，對實際作業內容知之甚詳，在客戶看來，這樣的人便是一個「懂得舉一反三，見解精闢的銷售員」。

在悲嘆自己的不足之前，先勾勒一下：什麼樣的銷售人員形象，是你的客戶想要的？如果其中有任何和自己的性格、技能、經驗等重疊的部分，就用它做為你的銷售風格。

如果沒有找到重疊的部分，也不必擔心。你可以使用前文提及的人格面具法，或者**你只要一一去滿足客戶的期待，自然就能培養出銷售風格**。

說到底，銷售就是一項成果取決於「方法知多少」的工作，一路讀到這裡的你，早就已經收穫了許多方法。

接下來只需將它們付諸實踐，成果必隨之而來。請各位務必用實際行動來證明我的觀點是正確的。

2 「氣場銷售」傳說

在第1章中，我提到過一位在瑞可利被稱為天才的銷售員，他與我是同鄉，因為他弟弟和我姊姊是同學，便將號稱一脈單傳的銷售技巧傾囊相授予我。

這名I先生是位非常神奇的人，雖然個性堪稱災難，在銷售方面卻擁有獨特的嗅覺，並可以用言語將其表達出來。

他將這樣的銷售風格稱為「**氣場銷售**」。後來我以瑞可利內部，號稱史上最強的INS事業部（情報通訊事業部）為原型，執筆了一系列銷售題材的同名小說。

當時我妻子碰巧在看一個叫做《氣場之泉》的電視節目，她對我說：「你也講過什麼氣場銷售、氣場銷售的，看來現在『氣場』是個熱門詞呢。」所以我也看了一集那個節目。

我從節目中得到了「氣場顏色」的靈感，將銷售分成「紅色氣場」、「藍色氣場」、「綠色氣場」，創作了一系列商業小說。

順便解釋一下，「**紅色氣場**」是調整自身的心態，讓情緒高漲、點燃自身的熱情，去喜愛產品、喜愛客戶的熱情型（傳統所說的鬥志和毅力也屬於此範疇）。

相對的，「**藍色氣場**」則是注重邏輯的銷售模式，分析市場、客戶、競爭對手，了解客戶的問題，以自身產品優勢滿足其需求。此外，像是了解並滿足客戶期待，甚至提出超出客戶期待的提案，也包含在「藍色氣場」中。

但是，「**紅色氣場**」和「**藍色氣場**」愈強，愈容易使精神耗弱，縮減銷售壽命……。

此時就輪到「**綠色氣場**」登場。

〈氣場銷售～以銷售三原色匯聚的完全體為終極目標～〉

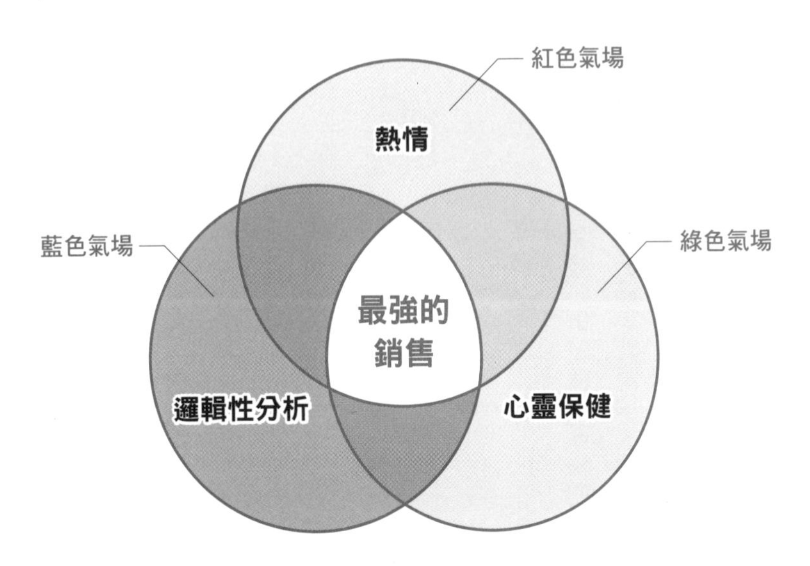

這種模式的目的是修復在「紅色氣場」、「藍色氣場」中疲憊的身心，也可以說是心靈保健。

而這些「紅色氣場」、「藍色氣場」、「綠色氣場」，沒錯，想想我們在學校裡學到的「光的三原色」，當紅、藍、綠三色重疊時，是不是會變成無色透明呢？

當「氣場銷售」發動時，並不是通過視覺，而是感受到全身中流淌著彷彿「波動」般的能量。

精通氣場銷售之奧妙者，便可控制這種「波動」。

小說裡雖然描寫得較為戲劇性，但這些全都是真的。

3 卓越銷售的本質

銷售的本質，就是下述的一系列過程：

1. 了解對方的期待
2. 滿足對方的期待
3. 滿足對方的全部期待
4. 超出對方的期待

而且，要擊敗具有價格優勢或品質超群的競爭對手，關鍵就在於能否做到滿足對方的全部期待，可能的話，還要超出對方的期待。

此時能成為武器的就是「**移情＋方法**」。可以說這2項就是「卓越銷售的本質」。

先來說「**移情**」。

這是我剛進入瑞可利，開始做銷售不久時，前輩們眾口一致教授給我的。

「什麼？移情……？」一開始我還覺得有些懵懂，只能隱隱約約理解它意味著什麼。

等到我真正心領神會時，是在我已成功與數十家甚至數百家公司成交，即使我方報價較高、即使對手品質優越，也能脫穎而出、雀屏中選之後。

我真真切切地感受到：對客戶的移情，使我比客戶更能看出他們面對的問題的原因，更能找出解決問題的頭緒。

比起「站在客戶的角度思考」，「把自己當成客戶來思考」要強得多。

說到底，客戶與我們銷售員之間，除去溝通交流，便再也沒有其他。

交流是建立在「想法」的傳遞與接收上，在此基礎上加上移情，就可以產生與客戶心有靈犀的現象，「成交」就是這個現象的延伸。

其次是「**方法**」，與運動和樂器演奏一樣，銷售的所有流程都存在「正確的方法」。

正如高爾夫和網球運動中，有正確的擊球姿勢和隨機應變的擊球方式，作銷售時也有正確的處理「方式」。

人與人之間銷售能力的差距，不過就是來自我們是否知道這些方法、是否有人指導、是否有所察覺、是否有透過多方嘗試找到答案。

總的來說，差別就只在你是否知道這些銷售方法。

所謂的銷售力，絕大部分建立在交流的基礎上，因此只要懂得方法的話，任何人都能夠非常輕易地重現。

因此，我希望你也務必試試看本書所介紹的新方法。

在嘗試新方法時，**先別急著判斷成效如何，請感受其帶來的「化學反應」**。**不要因為感覺普通、成效也不佳就全盤否定，稍微調整一下，再重新試試看吧**。你可以在反覆調整嘗試的過程中，使這些方法愈來愈契合你的風格。你可以選擇採用那些「有感」的方法，而「無感」的方法，就持續調整修正，由此磨練你的銷售能力。

期待看到在不久的將來，你成為傑出銷售員的那一天。

到時候，請不要忘了與後進晚輩們分享你的方法。

祝你的銷售事業馬到成功。

書末資料

應對	重點
「本次致電是想針對貴公司的公務用車，有3件事情想請教。」（需鏗鏘有力！）	整段話重點放在「對方身上」！不是為了「想賣車」，而是想「請教3件事情」。
「不好意思。那請麻煩將電話轉給管理公務用車的總務部（管理部門）部長。」（簡潔有力，不拖泥帶水）	公務用車大多由總務部管理，如果對方公司規模較小，貌似沒有總務部，就改成找管理部門。指名要找部長層級的人。
「噢，真是不好意思。既然是這樣，我改天再致電，請問到時應該要找哪一位呢？」	問出管理公務車的部門以及負責人姓名。如果對方在遠距辦公，則問出下次進公司的時間。
如果對方不假思索就這麼說，就是想給你吃「閉門羹」。通常是一開始就打算拒絕，只是機械性地說出藉口。此時可以繼續詢問「他是不是在遠距辦公呢？」問出對方下次進公司或回到座位的時間，以獲得下一次接觸的訊息。	基本上沒幾個公司會爽快地幫你轉接，所以將重點放在問出可帶來下一次接觸的情報。保持禮貌，聲音開朗。
提前掌握各行業特點，為了引起客戶的興趣，提出對方會感興趣的關鍵詞，如「後車廂用法、後車廂需求」、「油耗率」、「雪地駕駛率」等，以及廂型車、休旅車、SUV、柴油、混合動力、EV等。使用封閉式提問來確認客戶需求效果更好。	在此問出公務車的用途、需求，可提升約訪成功機率，也比較容易準備拜訪時要使用的銷售資料。
「目前貴公司使用最多的是廂型車嗎？還是休旅車呢？或者是現在最流行的多功能休旅車呢？」採取對方更容易回答的問法。	拋磚引玉式提問，提給對方幾個選項。
「不好意思，我們不是在做T公司的售後調查，而是針對全縣，調查各公司選擇公務車的重點以及對T公司的印象……」	此時已經可以確定對方是你的銷售目標，可以繼續推進銷售業務。
「我非常清楚N公司的車在這個地區占有極大的優勢，其實我這裡有幾款N公司沒有推出的車型，想推薦給您參考……」	以N公司沒有推出的車型為突破口。
「啊，我並不是來推銷的，只是先前那台多功能休旅車最近正好要推新車款，所以想介紹給貴公司……。下次經過貴公司附近時，我可以順路把目錄帶給您嗎？」	降低難度，讓對方開口說「YES」。
「啊，不好意思占用您的時間了。以後如果有機會請允許我再次叨擾。謝謝您。」（讓對方留下爽快的印象！）	隔一段時間後，改由「社長座車」等方向來切入，直接嘗試致電給社長。

應答話術集 I

【前提】此為最普遍的汽車法人銷售，致電挖掘領頭羊（潛在客戶）的情況

對方說	情境
「請問有什麼事嗎？」	自己報上姓名、並詢問負責部門後。
「不知道該把電話轉給誰。」	向接電話的人傳達了致電目的後。
「他今天是遠距辦公，不在公司……」	向接電話的人傳達了致電目的後。
「不巧現在負責人不在位子上……」	接電話的人不假思索地回答。
「現在沒什麼空……」	詢問對方換購新車的相關資訊時。
「我們現在用的車嗎？不太好回答耶……」（不想回答的意思）	詢問汽車相關訊息時，對方猶豫著不回答。
「我們沒有在用T公司的車……」	對方誤以為是T公司汽車用戶的售後調查。
「我們是和N公司合作……」（婉拒模式）	對方表態拒絕， 表示不需要其他廠牌的車輛。
「我們不需要目錄。」	約訪成功機率低，想改用寄送目錄製造機會時。
「我們沒什麼興趣……」	對方不接受拜訪和目錄時。

應對	重點
「我們是為了和貴公司交流資訊，包括二氧化碳減排目標、EV車、混合動力汽車、自動駕駛這些方面，想傾聽客戶真實的心聲，才請求上門拜訪的，絕對不是為了推銷，請您放心。」	以提供法律規範、環境適應、自動駕駛的相關訊息為藉口，引導話題走向。
「啊，真是不好意思，您說的沒錯。不過其實也有很多客戶向我們諮詢一些N公司沒有在〇〇市推出的車型，所以才冒昧來詢問貴公司的情況……」	不要創造對立，用同性質客戶的洽詢內容來引導話題。
「我們T公司希望今後可以加強對企業客戶的服務，所以想了解客戶們在實際使用上的各種需求和意見。」	明確告知致電目的。
「是我冒昧了。那麼，我可以理解為貴公司在公務出差時，使用的是社長和員工自己的車嗎？如果是這樣的話，想必您在電視廣告中看到過，節省油耗的小型車〇〇即將開售了，我帶一份目錄過去給貴公司的員工傳閱，可以嗎？」	某些地區以汽車作為主要代步工具，大部分家庭都擁有自駕車。接電話的總機人員應該也有自己的用車，通常都會從廣告上知道流行的車款。
「我們發送資料的對象是全縣的所有企業，資料中不僅僅是T公司車輛的相關訊息和新車款介紹，還有全世界的EV潮流、業界趨勢、環境法令措施這些方面的訊息，您可以不必想成是產品推銷資料。」	營造出無關推銷的氛圍，讓對方安心。
「我們舉辦的線上研討會是因應許多用戶的要求，將介紹目前最熱門的自動駕駛的實際上路影片和操作方法，不管在法規的層面，還是公務車用戶的安全性管理層面，都是極受好評的，請您一定要來參加看看。」	強調自己提供的相關資訊有助提升合法性與員工安全性。
「請問貴公司的車使用多久了呢？」、「用了〇年的話，應該也累積不少里程數了吧？」、「最近的車型油耗率都愈來愈好，如果會需要開到比較遠的話……」	不要直接詢問對方有沒有購買新車的打算，而是間接性地詢問目前狀況。
「很抱歉冒昧打擾到您。其實這次的致電不是為了作推銷，是我們T汽車公司正在努力改善客戶服務，這通電話也是想麻煩您幫忙回答一些問題。很抱歉在百忙之中打擾您，可以耽誤您兩三分鐘嗎……」	人們警惕推銷電話在所難免。當對方很忙時便會更加嫌棄，因此要回答得乾脆俐落。但是，切記不可退縮。

對方說	情境
「沒有買車的打算，不必來拜訪了。」	對方明白是銷售電話而提高警覺。
「這裡是N公司的大本營，沒有T公司的事。」	常見於某車廠的大本營〇〇市的回應。
「這通電話是做什麼的？」	對方以為這是市調公司的電話。
「我們公司沒有公務車。」	對方公司規模較小，未區分私用車和公務車。
「不需要資訊雜誌或者資料。」	對方認為收了資料就會被推銷東西。
「相關資訊也不需要。」	告知對方可提供資訊、介紹線上研討會時。
「沒有買新車的打算……」	問對方是否有購買新車的計畫時。
「我們一概不回應這種電話。」	還在寒暄階段就被拒於門外。

應對	重點
「我明白了。如果是這樣，因為反覆致電也是給貴公司添麻煩，之後我會直接向貴公司社長寄送一份包含法令措施、全球EV化潮流以及業界趨勢動向這方面的資料。其中也有T汽車的焦點訊息和新車資訊，可供貴公司在內部傳閱，作為員工們選車時的參考。」	如果打了3次電話都得到一樣的回答，就算再打下去也不會有更好的結果，所以直接取得同意後，寄資料給對方社長。對方通常不會願意提供負責人的名字，但社長的名字只需在網路上搜尋即可，無需詢問總機。
如果負責人是女性或是對汽車沒什麼興趣的人，則問「您對T公司汽車的電視廣告有什麼印象呢？」	尤其當對方是女性時，通常只會回答「沒有特別印象」，不妨使用誘導式詢問。
「目前電視和網路上可看到敝司的各種廣告，您有沒有一些印象呢？」	如果對方的答案裡提到某車款的名稱，則藉機寄送目錄。
「實在是很抱歉。其實我們公司一直以來的客戶主體都是個人客戶，但是未來我們預計將業務拓展到縣內的企業用戶……所以想向各位打聲招呼。我們也希望讓敝司當地的負責人帶一些紀念品和公務用車的目錄過去，故特此致電聯繫。請問我們應該避開哪個時間段，才不會在您忙的時候打擾呢？」	「銷售」、「銷售負責人」、「銷售公司」這些關鍵詞會讓對方有「被推銷」的印象，因此改用「當地的負責人」這種委婉的說法來解除對方的警惕。由於僅是詢問對方「應該避開的時段」，所以若對方回答了，則形同對方答應你在上述以外的時間拜訪。再進一步推測並詢問對方需要哪種目錄，譬如是要卡車、小貨車、廂型車、混合動力車還是EV，便有望得到對方目前使用車款的資訊。
當對方已經明顯意識到你是來銷售的，最好盡快切換到下一個話題。「這樣啊。不好意思，那回到問卷的問題，請問貴司『偏好』這家廠商的原因是……？」一邊強調回到問卷，一邊打探核心需求。與此同時，使用對方難以拒絕的關鍵詞來推進對話，例如，「我會帶一份資料過去，貴公司可以在下次競標或比價時作為參考……」。	「已經有簽約的廠商」意味著「我不會從你家買」，不過如今的公司都需遵照法規，並不喜歡負責人隨意簽約，必須經過競標、比價和競爭成為了新常識。直接拒絕這方面的資料，對方心裡也會有罪惡感，我們可以利用這種心態，順理成章地要求送目錄過去。
「我們正輪流拜訪縣內的各家企業，想聽聽客戶的真實心聲……」	強調這不是推銷，只是要打招呼和做調查。

對方說	情境
「要問相關負責人才知道。」	打了3次電話都是同樣的回答。
「沒什麼想法。」	問及對T公司的印象時。
「對T公司沒有什麼印象。」	問及對T公司的印象時。
「我們沒有考慮用T公司的車，不用來拜訪了。」	對方對「上門拜訪」有所警惕，擔心被強行推銷產品。
「我們已經有簽約廠商了，不需要勞煩。」	問及對方換公務車的選擇重點時。
「不用勞駕了……」	對方擔心會被推銷。

應對例 2	常見情況
「我想向貴公司介紹一些銷售外包業務。」（清楚有力）	公司總機基本也有攔截推銷電話的作用，往往會問致電來意。
直接道歉，掛掉電話。然後打給總機錯一位數的號碼姑且一試。裝傻地問：「咦？這不是銷售部門的電話嗎……？」讓對方幫忙轉給銷售部門。	要找部長級以上（如執行董事、董事或社長）的話，通常會被詢問目的，或者被拒絕。
	好心幫倒忙？就算心裡暗想：「我找哪位，你就幫我轉接哪位就行了啊」，也要溫和地回話。
	要找的部門和對象不明確時，對方就不幫忙轉接。
「是的，以前曾經打過一次招呼……」（即使沒有見過面，曾經通過電話講過話，就可以用這個回答。但是不可以說謊！）	對方在警惕推銷電話，因此在找理由拒絕。
「好的，那麼我就先發資料過去。請問應該發給哪位呢？」	拒絕推銷電話的常用句。尤其是近年來相當常見。
	拒絕推銷電話的態度。
	常見的「踢皮球」情況反而更能了解對方各部門管理的項目，是件好事。
	負責人不想增加自己的工作，動不動就想要回絕。最好是能接觸到管理層級。
	這種情況反而要多留意對方各部門負責的職務範圍。

應答話術集 Ⅱ

【前提】電話約訪新客戶的情況（假設是人力資源服務公司要擴大「銷售外包」事業）

對方	對方說	應對例 1
公司總機	「請問有什麼事？」	「我們SeaRoute集團是一家提供人力資源服務的公司，不過這次致電給您不是為了行政人員的派遣業務，而是想向貴公司介紹一些我們的代理銷售服務。」（清楚有力）
	「不好意思，總機這裡無法直接轉給董事或者祕書。」	「這樣啊，真是不好意思，那麻煩請轉給相關部門的負責人。」（改請總機轉接給相關部門的人）→口氣堅定，一氣呵成！
	「你們〇〇公司是人力資源相關業務對嗎？那我幫您轉到人事部……」	「不是的，我們的確是人力資源服務公司，不過這次的致電並不是要談行政人員的派遣業務，而是為了另一件事，請幫我接〇〇部門的△△先生……」（篤定堅決的口氣）
	「您不說清楚具體的負責部門和姓名的話，我沒辦法幫您轉接。」	「噢，這樣啊。真是不好意思，那麼請轉接銷售部長。」
	「是我們這裡委託您的業務嗎？」	「不，這是我們第一次向貴公司致電。麻煩請轉接銷售部長。」
	「首次與敝司接觸的話，請先把資料發過來，如果有需要，我們的負責人會直接聯繫您。」	「啊，很抱歉。因為我這裡有很多種資料，想從其中選出最適合貴公司的來寄送，所以想和貴公司確認一下，是否對開拓新客戶有興趣？」（不會有公司不感興趣的。）
部門總機	「請問有什麼事呢？」	「我們推出了一些銷售業務相關服務，想和〇〇先生打個招呼……」
	「如果是這方面的業務，請找人事部吧……」	「因為是與銷售業務相關的內容，所以希望和〇〇部長談……」
負責人	「嗯……這方面的業務不是找我，應該要找人事部啊……」	「您說的沒錯，如果是要請貴公司用我們的派遣人員的話，的確應該聯繫人事部，不過這次並不是要要求貴公司採用我們的派遣人員，只是想要向您介紹一些事例……人事部的話，通常太了解各銷售部門和事業部門的具體問題所在。 畢竟各銷售部門（事業部門）使用的產品、銷售戰略、面對的課題都不一樣吧？（敦促） 所以，我想先就您所知道的範圍即可，向您問一些相關問題，再介紹一些或許能幫得上忙的事例……」
	「如果你和人事那邊有說好了，是可以見一面。」	「敝司在行政派遣業務方面與貴公司素有往來。」（透露出有和人事照會過的意思）「我明白了，那麼我會先告知人事部門，之後再聯絡您，屆時再麻煩您了」

■選擇的客戶【　　　　　　　　　　　　　　　　　　　】※大型公司可分部門填寫

■客戶的策略、中期經營計劃

⑪銷售目標部門的策略、中期經營計劃、方針
→他們的目標何在

客戶的競爭對手／對手的產品

■客戶的問題

⑫公司的顯在問題、潛在問題

⑬產品、服務中的顯在問題、潛在問題

⑭最近感興趣、關心的事

■登場人物、其他

⑮誰是關鍵人物？

→關鍵人物的決策標準

→誰是你的支持者？

→哪些人有可能阻礙你？

→決策的流程是？

⑯登場人物有誰？
→有什麼人參與進案子？

⑰其他特殊事項

客戶情報分析表（I-17）

■所屬部門＿＿＿＿＿＿＿＿　■姓名＿＿＿＿＿＿＿＿

（註）不清楚的部分留白

■4P+α

①客戶的產品／服務（視需要限縮產品）

→有什麼優勢和特性

→何種主題概念

→何種品牌形象

→何種附加服務

②價格

→何種價格戰略

③通路

→商品如何流通

④推廣

→何種銷售戰略

→何種促銷活動

⑤客戶的企業特性

→是一間會輕易改變商業模式的公司嗎？

→自傾向內製，還是傾向外包？
（亦可由組織人數推測）

■3C

⑥客戶的主要目標是？

→具體的行業、公司、團體

→何種特性的行業、公司、團體

→抱有何種問題的行業、公司、團體

⑦客戶的競爭對手是？

⑧客戶與對手的競爭重點是？

■PEST

⑨近期外部環境變化帶來的機會與威脅

→法規、經濟環境、社會動向、技術革新等因素帶來的變化

■SWOT（⑩優勢、劣勢、機會、威脅）

	客戶／客戶的產品
優勢	
劣勢	
機會	
威脅	

※此表格可幫助你更加了解客戶（適用於關係深厚的客戶）

■益處

⑫自家公司可能幫得上客戶的地方

→符合客戶的興趣、關心的事，為其解決困境、難題

→客戶通過自家產品能得到什麼好處

■客戶與你

⑬客戶對你的期待是什麼？

→除了成本之外，可期待的部分在於？

【顯在面】

【潛在面】

■產品的強項（競爭優勢）

⑭強項（是什麼、在哪裡、有多強）

→自家公司對重點客戶而言有何優勢

⑮提案與銷售的「切入點」

⑯常見的消極、冷漠反應

■登場人物、其他

⑰誰是關鍵人物？

⑱關鍵人物的決策標準

⑲誰是你的支持者？

⑳哪些人有可能阻礙你？

㉑決策的流程是？

㉒登場人物有誰？

→有什麼人參與進案子？

重點客戶分析表（I-22）

■所屬部門＿＿＿＿＿＿＿＿　■姓名＿＿＿＿＿＿＿＿

（註）不清楚的部分留白

■客戶情報

①公司名

②行業、行業類型、業務內容
→是做什麼的公司

③銷售額

④員工人數

⑤客戶的企業文化和特色
→保守、喜歡新事物、老闆最大等

⑥客戶的競爭對手是？

⑦客戶與對手的競爭重點是？

■PEST

⑧近期外部環境變化所帶來的機會與威脅
→法規、經濟環境、社會動向、技術革新等因素帶來的變化

■客戶的興趣、關心的事、困境、難題

⑨最近的興趣、關心的事

⑩困境

⑪公司的顯在問題和潛在問題

※此表格以將客戶寫入數據庫為前提（方便交接工作給後任者）

■接觸方法

具體策略

■需準備的事例

事例名

■時程

上半期	下半期

行動方案表

■所屬部門 ____________________　■姓名 ____________________

■銷售計劃

接觸客戶數

商談目標（進入商談的案件數量）

成交件數

成交金額

■自家公司可提供的價值

自家公司可能對客戶有所助益的產品或服務

→可能令客戶獲益的產品或服務

自家公司的長處、競爭優勢

■推展銷售藍圖時必須排除的阻礙

客戶方面

自家公司方面

競爭對手方面

■目標客戶

公司名

①

②

③

■行動計劃

做什麼，怎麼做？

→從哪個「切入點」入手

※適用於產品銷售、方案銷售、地區（區域）銷售

大塚壽

1962年出生於群馬縣。曾任職瑞可利控股株式會社，並取得雷鳥全球管理學院的MBA學位。目前為經營客製化企業培訓、銷售顧問服務的EmaMay Corporation董事長。其使用精心設計範例進行案例分析的銷售管理課，以及陪同學員處理真實案例的跟隨型銷售培訓，在日本的主要企業中如潮佳評，深得中小企業老闆的愛戴。在由瑞可利的傳奇銷售員擔綱講師的線上銷售培訓網站「銷售補給」中，執筆撰寫「優秀銷售員培養講座」並擔任總監修，系列文章閱讀人數高達158萬人（株式會社Sapuri CKO）。
進入瑞可利後，發現自己與當時被譽為「天才」的頂尖銷售員同鄉，且對方的弟弟和自己的姊姊是同校同學。之後得到對方一對一親授成為優秀銷售員的祕訣，躋身有「日本最強」之稱的銷售團隊的頂點。基於「銷售沒有適不適合之分，只要懂得方法，誰都能成功」的親身經驗，為了統整銷售方法使其體系化而留學攻讀MBA，完成了可完整對應所有業界銷售特性的「13個類別，144項技巧」。
著有《瑞可利流──「最強銷售力」的一切》、《法人銷售聖經──立即可行的實踐要領》（書名暫譯，皆為PHP研究所），以及熱銷28萬冊之系列作《讓40幾歲精彩無憾的50件事》（書名暫譯，鑽石社）、《40歲，精采人生才開始：從1萬人的經驗談看見真正該做的事》（先覺）等20餘本著作。

絕對成交！業務聖經

全面剖析銷售流程，打造最強成交力

2022年2月1日初版第一刷發行
2024年6月15日初版第二刷發行

著　　者　大塚壽
譯　　者　曾瀞玉、高詹燦
編　　輯　劉皓如
美術編輯　竇元玉
發 行 人　若森稔雄
發 行 所　台灣東販股份有限公司
　　　　　<地址>台北市南京東路4段130號2F-1
　　　　　<電話>(02)2577-8878
　　　　　<傳真>(02)2577-8896
　　　　　<網址>www.tohan.com.tw
郵撥帳號　1405049-4
法律顧問　蕭雄淋律師
總 經 銷　聯合發行股份有限公司
　　　　　<電話>(02)2917-8022

國家圖書館出版品預行編目資料

絕對成交!業務聖經：全面剖析銷售流程,打造最強成交力/大塚壽著；曾瀞玉, 高詹燦譯. -- 初版. -- 臺北市：臺灣東販股份有限公司, 2022.02
360面；14.7×21公分
ISBN 978-626-329-086-0(平裝)

1.CST: 銷售 2.CST: 銷售員 3.CST: 職場成功法

496.5　　110022184